FORESTRY SPATIO-TEMPORAL BIG DATA
MINING AND APPLICATIONS

林业时空大数据
挖掘与应用

黄宁辉　秦　琳　林寿明　刘新科◎主编

中国林业出版社
China Forestry Publishing House

图书在版编目（CIP）数据

林业时空大数据挖掘与应用/黄宁辉等主编. ––北京: 中国林业出版社, 2024.3
ISBN 978-7-5219-2647-7

Ⅰ.①林… Ⅱ.①黄… Ⅲ.①林业经济–经济信息–研究–中国 Ⅳ.①F326.23

中国国家版本馆CIP数据核字（2024）第056728号

策划、责任编辑：薛瑞琦

出版发行：中国林业出版社
　　　　　（100009，北京市西城区刘海胡同7号，电话010-83143575）
电子邮箱：cfphzbs@163.com
网　　址：https：//www.cfph.cn
印　　刷：河北鑫汇壹印刷有限公司
版　　次：2024年3月第1版
印　　次：2024年3月第1版
开　　本：787mm×1092mm　1/16
印　　张：13.5
字　　数：270千字
定　　价：98.00元

《林业时空大数据挖掘与应用》

编写委员会

主　编　黄宁辉　秦　琳　林寿明　刘新科

副主编　孟先进　陈志敬　鲁好君　陈　鑫

编　委　（按姓氏笔画排序）

付　乐　乐　平　吕勇洪　关熊飞

严玉莲　李　季　李　颖　李晓翠

李爱英　吴梓彦　余松柏　张水花

陈　晔　范松滔　郑洁玮　胡圣元

钟玉玲　蔡　伟　薛亚东　戴彩霞

2016 年，国家林业局正式发布《关于加快中国林业大数据发展的指导意见》(以下简称《指导意见》)，旨在充分发挥林业大数据在生态建设中的重要功能和巨大潜力，开启了林业大数据建设的新时代。《指导意见》指出，林业大数据是生态变迁的"收集器"，是生态发展的"显示器"，是生态治理的"指南针"，是经济发展的"变速箱"，提高林业大数据研究和应用服务能力，为加强生态治理、提升林业治理精准化、建设林业现代化提供了强有力的支撑。

林业时空大数据是最重要的林业大数据之一，其包含了时间、空间和属性三个方面的信息，一方面具有一般大数据的大规模、多样性、快变性和价值性的特点；另一方面还具有与对象行为对应的多源异构和复杂性、与事件对应的时/空/尺度/对象动态演化、对事件的感知和预测特性，蕴含着巨大的社会、经济、科研价值。充分认识林业时空大数据的功能特性，深入挖掘林业时空大数据的优势潜能，是实现林业现代化、促进林业可持续发展的关键，也对驱动社会经济高质量发展具有重要意义。

本书编委团队紧扣当前林业时空大数据挖掘与应用的工作重点和技术热点，梳理了时空大数据挖掘方法与框架，给出了林业时空大数据挖掘流程和关键技术，构建了林业时空大数据挖掘应用系统，分享了森林火灾防控、森林病虫害防治、森林资源保护、营造林选址与改造、森林质量精准提升等方向的应用案例，最后展望了林业大数据挖掘的发展趋势。本书可为林业信息化建设、林业数据管理以及林业数据应用分析专项研究等相关人员提供学习参考，为提升林业数据管理和决策水平，提高林业数据应用服务能力等提供技术支撑。

全书共分为7章，第1章为绪论，介绍了大数据概述、时空大数据概念、内涵和大数据挖掘的研究应用；第2章为时空大数据挖掘方法，阐述了数据挖掘的基本方法、选择与比较；第3章为时空大数据挖掘框架，梳理了数据、空间数据的挖掘框架、设计了林业时空大数据挖掘框架；第4章为林业时空大数据挖掘，分析了数据挖掘要素，给出了林业时空大数据挖掘流程，归纳了林业时空大数据挖掘关键技术；第5章为林业时空大数据挖掘应用系统，详述了系统总体设计、基础挖掘分析模块、业务挖掘分析模块、任务管理模块、成果集成展示模块和挖掘应用数据库建设等；第6章为林业时空大数据挖掘应用，结合林业数据挖掘存在的问题和林业时空大数据挖掘应用需求，开展典型场景的案例应用；第7章为林业大数据挖掘的发展趋势，展望了数据挖掘技术和林业大数据挖掘的发展趋势。

本书在编写过程中参考了诸多学者、专家的论著和论文，同时，也得到了广东省林业局、广东省林业事务中心的鼎力支持，以及广东省岭南院勘察设计有限公司和北京吉威数源信息技术有限公司的大力相助。在此，谨向所有给予本书帮助的各位领导、专家和同仁表示衷心的感谢并致以崇高的敬意！

由于编者水平有限，加之时间仓促，书中难免有疏漏和不足之处，敬请各位专家、读者批评指正。

编　者
2024 年 1 月

目 录
CONTENTS

第1章

绪 论

第2章

时空大数据挖掘方法

时空大数据挖掘框架

第 4 章

林业时空大数据挖掘

第6章

林业时空大数据挖掘应用

第7章

林业大数据挖掘的发展趋势

林业时空大数据挖掘与应用

第 1 章

绪　论

"大数据"概念的起源可以追溯到20世纪80年代至21世纪初，这种数据的快速增长主要来自互联网、社交媒体、传感器技术、移动设备等信息源头。人们的行为、位置，环境的每一点变化，都逐渐成为可被感知、记录、存储、分析和利用的数据，全球信息化已迈入"大数据时代"。随着时间的推移，大数据概念变得更加明确和重要，它不仅指代数据的体量巨大，还包括数据的多样性、实时性、价值等多个方面。如今，大数据已无处不在，广泛应用于互联网、生物医学、环境保护、金融、汽车、零售、餐饮、电信、安全、政府、日常生活等多个领域，对人类的社会生产和生活产生重大而深远的影响。

　　随着互联网的迅速发展以及计算能力的不断增强，人们开始意识到传统的数据处理工具和方法已经不再适用于处理日益庞大、复杂和多样化的数据。与此同时，人们也不再满足于表面的数据信息，而期望通过数据挖掘，能够从大规模数据中获取洞察力和价值，为企业、政府和组织提供更准确、更全面的信息，支持决策的制定和业务优化，提高效率和竞争力，也为领域的发展提供实质性的帮助，带来更高效、智能和创新的解决方案。

　　本章首先系统介绍大数据及时空大数据，包括概念内涵、基本特征、数据来源、应用领域和发展历程，并探讨了我国林业时空大数据建设的核心内容。在此基础上，分析大数据挖掘的研究进展，聚焦于时空大数据挖掘所面临的主要挑战和存在的问题，最后讨论时空大数据挖掘在林业中的应用方向、模式、主要方法和技术。

1.1　大数据概述

1.1.1　大数据之"大"

　　"大数据"（Big Data）一词最早是于1980年由美国著名未来学家阿尔文·托夫勒在《第三次浪潮》一书中提出的，他称赞大数据是第三次浪潮中最华彩的乐章[1]。"大数据"概念最早在2008年8月由维克托·迈尔·舍恩伯格和肯尼斯·库克耶编写的《大数据时代》中提出：指对所有数据进行整体分析处理，而不是采用随机分析法，即抽样调查进行分析。2008 年 9 月，美国《自然》（Nature）杂志专刊——The next google，第一次正式提出"大数据"概念。2011 年 2 月，《科学》（Science）杂志专刊——Dealing with data，通过社会调查的方式，第一次综合分析了大数据对人们生活造成的影响，详细描述了人类面临的"数据困境"。大数据最早的应用者是世界著名管理咨询公司麦肯锡，其于 2011 年 5 月发布了《大数据》报告，第一次为大数据做出相对清晰的定义，并对大数据的影响力、关键技术和应用领域进行了详细分析[2]。麦肯锡的报告得到了业界的高度重视，随后逐渐引起了各界的关注。

进入 2012 年以来，大数据这个词越来越多地被提及，人们用它来描述和定义信息爆炸时代产生的海量数据。大数据的数量级在 TB 级别之上，但是，数据量的大小不是判断大数据的唯一指标。根据《大数据时代》中关于大数据特点的阐述主要分为以下 4 点：大量（Volume）、高速（Velocity）、多样（Variety）、低价值密度（Value）[3]。

1. 大量（Volume）

大量性是指大数据自身所特有的数据量巨大的特性。随着移动互联网和物联网的快速发展，多种传感器、移动设备遍布人们的工作和生活多个角落，这些传感器每时每刻都在自动产生海量数据，导致全球数据量正以前所未有的速度增长。数据的计量单位从 KB 发展到 YB，经过了 6 个量级单位的升级，每提高一个量级单位其存储量扩大至上一量级单位的 1024 倍，可以看出，大数据体量非常巨大。

2. 高速（Velocity）

高速性是指数据处理经常要求实时分析，数据的收集、获取、产生、处理速度快。随着网络传输速率不断攀升，从传统的百兆到千兆万兆网络，移动网络也已经逐步升级到了 5G 时代，数据的产生和传输都越来越高速。用户越来越强调实时反馈，对于传输、存储、计算要求都越来越高。为了实现快速分析海量数据的目的，通常采用集群处理的方式处理。

3. 多样（Variety）

大数据的数据类型丰富多样，包括结构化、半结构化、非结构化数据，例如关系型数据库中的数据表、图片、视频、语音、地图定位信息、网络日志信息等。类型繁多的异构数据对数据处理与分析提出了新的挑战。传统的数据主要存储在关系型数据库中，越来越多的非结构化数据存储在非关系型数据库中。传统的软件和工具一般都是面向结构化的数据，在大数据时代，支持非结构化的软件和工具迎来了广阔的市场空间。

4. 低价值密度（Value）

低价值密度性是指大数据价值巨大，但价值密度低的特性。有学者提出了大数据还具有稀疏性，即有价值的信息相对于数据量而言非常之少。大数据的质量不仅参差不齐，而且还通常是杂乱无章的。数据价值密度的高低与数据量的大小往往成反比。大数据最大的价值在于通过从大量不相关的多种类型的数据中，挖掘出对未来趋势与模式预测有价值的数据，并通过数据挖掘方法深度分析，发现新规律和新知识。挖掘"大数据"的价值类似浪里淘沙却又弥足珍贵。

1.1.2 大数据之"源"

大数据来源非常广泛，包括但不限于以下 5 个类别。

1. 传统企业的内部数据

企业的内部数据来源诸如客户信息、销售订单、生产工艺工序、入库出库、财务报表等业务数据，这些数据是企业运营的生命线，对于企业的经营管理和决策分析至关重要。通过大数据技术对这些数据进行分析、挖掘可以更加精准地指导企业经营、生产。

制造业的大数据类型以产品设计数据、企业生产环节的业务数据和生产监控数据为主。其中产品设计数据以文件为主，非结构化，共享要求较高，保存时间较长；企业生产环节的业务数据主要是数据库结构化数据，而生产监控数据则数据量非常大。

2. 社交媒体和网络数据

随着社交媒体和互联网的普及，大量的社交媒体和网络数据被产生和存储，比如微博、微信、Facebook、Twitter 等社交媒体，以及电子邮件、互联网搜索、网站浏览等网络数据。这些数据包含了人们的行为、喜好、想法等信息，可以帮助企业制定更好的营销和推广策略。

百度公司数据总量超过了千 PB 级别，数据涵盖了中文网页、百度推广、百度日志、用户生成内容等多个部分，拥有庞大的搜索数据。阿里巴巴公司保存的数据量超过了百PB 级别，数据涵盖了点击网页数据、用户浏览数据、交易数据、购物数据等。腾讯公司总存储数据量经压缩处理以后仍然超过了百 PB 级别，数据量月增加达 10%，包括大量社交、游戏等领域积累的文本、音频、视频和关系类数据。

3. 传感器和物联网数据

传感器和物联网技术的应用越来越广泛，其采集的物理数据、环境数据等，对于大数据分析应用也有很大的价值。例如，汽车上的传感器可以采集到车速、油耗、发动机温度等，可以通过分析这些数据为汽车生产厂商提供更精准的维修保养建议和新产品研发方向。

4. 位置和空间数据

位置和空间数据来源于移动设备和卫星定位系统，包括基站定位、GPS 定位、WiFi

定位、北斗定位等。这些数据可以为企业或组织提供更精准的用户定位、交通流量、城市规划等信息，给企业或组织带来更好的决策支持。

5. 公共领域数据

公共领域数据来源于政府、公共服务机构、科研机构等，数据则涵盖了自然资源、环境、旅游、教育、交通、医疗等多个门类。这些数据资源具有一定的权威性和数据质量。

总之，大数据的来源十分广泛，涵盖各个行业领域，这些数据为人们提供了更深入、更全面的信息，为洞察和分析事物奠定了坚实的基础。

1.1.3　大数据的应用

大数据应用是指在大数据技术支持下，对海量、多样化、高增长率的数据进行分析和利用，从中获取有价值的信息，用于决策和优化业务流程。大数据已经在社会生产和日常生活中得到了广泛的应用，包括互联网、商业和市场营销、金融服务、医疗保健、物流、交通、城市规划、环境保护、科学研究、安防、疫情防控、教育、能源、社区服务等各行各业，对社会的发展进步起着重要的推动作用。这些领域只是大数据应用的一部分示例，大数据的价值在于能够从海量、多样化和高速产生的数据中获取洞察力的价值，帮助各个行业做出更明智、更精确的决策，并推动创新和发展。

1. 互联网领域

随着大数据时代的到来，网络信息飞速增长，用户面临着信息过载的问题。虽然用户可以通过搜索引擎查找自己感兴趣的信息，但是在用户没有明确需求的情况下，搜索引擎也难以帮助用户有效地筛选信息。为了让用户从海量信息中高效地获得自己所需的信息，推荐系统应运而生。推荐系统是大数据在互联网领域的典型应用，它可以通过分析用户的历史记录来了解用户的喜好，从而主动为用户推荐其感兴趣的信息，满足用户的个性化推荐需求。目前在电子商务、在线视频、在线音乐、社交网络等多类网站和应用中，推荐系统都开始扮演越来越重要的角色。

2. 商业和市场营销领域

在商业领域，大数据技术被广泛应用于多个方面，包括客户分析、市场趋势预测、产品研发和供应链管理等。通过分析客户行为数据，企业可以精准地了解客户需求，从而为客户提供更个性化的产品和服务。同时，通过对市场数据的分析，企业可以把握市场趋势，制定更精准的市场策略。此外，大数据技术还可以帮助企业实时监测供应链的运行状态，实时掌握库存量、订单完成率、物料及产品配送情况，更加有效地调节供求关系，提高供应链的效率和可靠性。企业可以利用大数据实时分析不同渠道广告投放效果，及时调整广告投放渠道，从而提高营销效果。

3. 金融服务领域

金融业是典型的数据驱动行业，是数据的重要生产者，每天都会生成交易、报价、业绩报告、消费者研究报告、官方统计数据公报、调查、新闻报道等多种信息。投资银行和基金公司可以通过大数据分析市场趋势和投资机会，以制定更加明智的投资策略。银行、保险公司等金融机构可以利用大数据来进行风险评估、客户信用评估和投资分析，从而减少信贷风险。通过收集和分析客户数据，这些金融机构可以更好地了解客户需求，进而提供更优质的产品和服务。金融机构可以根据用户的年龄、资产规模、理财偏好等信息对客户群体进行精准定位，从而分析出潜在的金融服务需求。大数据征信主要通过迭代模型，从海量数据中寻找关联，由此推断个人身份特质、性格特点、经济能力等指标，对个人的信用水平进行评价，同时借助云计算和移动互联网等手段提高征信服务的便捷性和实时性。

4. 医疗保健领域

在医疗领域，大数据技术被广泛应用于疾病预防、病患诊断、药物研发、流行病预测等多个方面。通过收集和分析个人健康数据，医疗机构可以及时发现和预测潜在的健康问题，为患者提供个性化的健康管理和医疗服务。医务人员通过分析病例数据和药物使用数据，能够更准确地诊断和治疗疾病，从而提高医疗质量和安全性。通过大数据技术，医疗机构还可以对疾病流行趋势进行监测和预测，为疾病预防和控制提供科学依据。

我国近些年各地先后利用大数据技术建立了先进的智慧医疗在线服务平台，实现了对健康大数据资源的整合应用，优化了医疗健康服务流程。大数据技术充分发挥了医院、社区、网站服务、智能穿戴设备等线上线下相结合的综合医疗健康服务的优势，提供了更加便捷、高效的综合健康服务，提升了医疗健康服务水平。

5. 物流领域

物流领域融合了大数据、物联网和云计算等新兴技术，使物流系统能模仿人的智能，实现物流资源优化调度和有效配置以及物流系统效率的提升。大数据技术是智能物流发挥其重要作用的基础和核心，物流行业在货物流转、车辆追踪、仓储等各个环节中都会产生海量的数据，分析这些物流大数据，将有助于深刻认识物流活动背后隐藏的规律，优化物流过程，提升物流效率。

我国许多城市都在智慧港口、多式联运、冷链物流、城市配送等方面，着力推进物联网技术在大型物流企业、大型物流园区的系统级应用，探索实现物流环节的全流程管理模式。此外，还进行跨领域信息资源整合，建设基于卫星定位、视频监控、数据分析等技术的大型综合性公共物流服务平台，发展供应链物流管理。

6. 交通领域

在交通领域，大数据技术被广泛应用于交通规划、交通管理和智能交通等方面。遍布城市多个角落的智能交通基础设施（如摄像头、感应线圈、射频信号接收器），每时每刻都在生成大量感知数据，这些数据构成了智能交通大数据。通过分析诸如车辆流量、道路拥堵情况、交通事故等交通数据，交通管理部门可以制定更加科学合理的交通规划和政策，以提高交通效率和安全性。借助大数据技术和物联网技术，智能交通系统可以实现车辆调度、交通诱导、智能停车等功能，从而提升城市交通的智能化水平和便捷性。

以公共车辆管理为例，北京、上海、广州、深圳、厦门等大城市，都已建立了公共车辆管理系统，道路上正在行驶的所有公交车和出租车都被纳入实时监控，通过车辆上安装的 GPS 导航定位设备，管理中心可以实时获得各个车辆的即时位置信息，并根据实时路况计算得到车辆调度计划，发布车辆调度信息，指导车辆司机控制到达和发车时间，实现运力的合理分配，提高运输效率。

7. 城市规划领域

大数据正在深刻改变着城市规划的方式，它提供了更全面、更精确的数据支持。城市规划编制和监管者利用开放的政府数据、行业数据、社交网络数据、地理数据、车辆轨迹数据等数据和相应的分析手段开展了多种应用，以更好地理解和应对城市发展中的挑战。

利用城市规划时空大数据，可以开展全国城市扩张模拟、城市建成区识别、地块边界与开发类型和强度重建、中国城市间交通网络分析与模拟、中国城镇格局时空演化分析，以及全国各城市人口数据合成和居民生活质量评价、空气污染暴露评价、主要城市都市区范围划定以及城市群发育评价等。利用公交、地铁数据，可以开展城市居民通勤分析、职住分析、人的行为分析、人的识别、重大事件影响分析、规划项目实施评估分析等。利用移动手机通话数据，可以研究城市联系、居民属性、活动关系及其对城市交通的影响。利用社交网络数据，可以研究城市功能分区、城市网络活动与等级、城市社会网络体系等。利用住房销售和出租数据，同时结合住房地理位置和周边设施条件数据，可以评价一个城区的住房分布和质量情况，从而有利于城市规划设计者有针对性地优化城市的居住空间布局。

8. 环境保护领域

大数据技术通过收集、分析和利用大量的环境数据，支持着环境保护领域的多项工作。首先，大数据技术能够实时监测空气质量、水质和土壤污染等环境指标，通过传感器网络和监测站点收集数据，帮助识别污染源、评估环境风险，并为环境政策和决策提供可靠依据。其次，大数据分析对于气候变化研究至关重要。它能够处理大规模的气象、气候和地球科学数据，提供关于气候模式、趋势和变化的深入洞察，为应对气候变化和制定适应策略提供支持。此外，大数据技术还支持着自然资源管理。通过对土地利用、森林覆盖、水资源分布等方面的大数据分析，支持可持续的自然资源管理，帮助保护生态系统和生物多样性。在环境预警方面，大数据技术可以实现对自然灾害（如洪水、地震等）的预测和监测，及早发现和评估潜在的灾害风险，为应对紧急情况做好准备。

总体而言，大数据技术在环境保护中的应用不仅提供了实时、全面的环境数据，还支持着环境监测、资源管理、气候研究和灾害预警等诸多方面，为保护地球环境和推动可持续发展提供了强有力的技术支持。

9. 科学研究领域

大数据对各学科领域的发展和探索都产生了深远影响。大数据技术能够处理和分析海量科学数据，加速科学研究的进程，在天文学、生物学、物理学、化学等领域，均推动了科学研究的突破和进展。大数据技术为科学家提供了更精确、更全面的研究工具，如在物理和化学领域，大数据支持着模拟和建模，帮助理解微观世界和分子结构。在气候科学和地球科学领域，大数据技术用于分析全球气候模式、地震活动、环境变化等复杂系统，有助于深入理解地球系统和环境变化。

此外，大数据技术也推动了科学界的合作与共享。科学家们可以通过共享大型数据集和合作研究平台进行数据交换和合作，促进国际间的科学合作与知识共享，加速科学发现和创新。

总的来说，大数据技术在科学研究中的应用拓展了研究范围，提供了更深入的数据洞察，加快了科学发展的速度，并鼓励了科学界的合作与共享，对各个学科领域的深入探索和进步产生了积极影响。

10. 安防领域

基于大数据的安防通过跨区域、跨领域安防系统联网，实现数据共享、信息公开以及智能化的信息分析、预测和报警。以视频监控分析为例，大数据技术可以支持在海量视频数据中实现视频图像统一转码、摘要处理、视频剪辑、视频特征提取、图像清晰化处理、视频图像模糊查询、快速检索和精准定位等操作。同时深入挖掘海量视频监控数据背后的有价值信息，快速反馈信息，以辅助决策判断，从而让安保人员从繁重的人工肉眼视频回溯工作中解脱出来，不需要投入大量精力从大量视频中低效查看相关事件线索，在很大程度上提高了视频分析效率，缩短了视频分析时间。

11. 疫情防控领域

2020—2023 年，全球暴发了新型冠状疫情。自疫情暴发以来，我国充分利用大数据技术的优势，在疫情防控、资源调配、复工复产等方面开展了深入应用，有效地控制了病毒的扩散，保护了许多人民群众的生命健康。在疫情防控方面，疫情实时大数据报告、确诊患者行程记录、接触者快速排查等，都发挥了重要作用。疫情防控大数据分析系统迅速排查确诊患者的密切接触者信息，第一时间提供给疫情防控指挥部，指挥部及时通过短信、电话等方式，提醒密切接触者进行居家隔离或集中隔离，有效控制了病毒的扩散。因为疫情的传播，各地医疗物资、生活物资的短期需求激增。通过大数据医疗物资保障调度平台，对医用防护服、口罩、护目镜、药品进行实时在线监控、调配，保障了重点物资的生产和供应。我国还依托疫情防控大数据平台，推出了居民健康码，实行大规模居民和员工健康登记，实现了疫情防控的职能动态化管理。

12. 教育领域

在教育领域，大数据技术被广泛应用于教学研究、学习分析、教育管理和教育资源建设等方面。教育机构通过收集和分析学生的学习数据，例如成绩、出勤率和作业完成情况等，能够更准确地洞察学生的学习状况，从而为学生提供更加个性化的教学服务和辅导。此外，通过大数据技术，教育机构也可以监测和预测教育资源的分布和需求情况，以优化教育资源的配置和管理，从而提高教育公平性和效率。随着城市化的进展，我国大中城市中小学数量猛增，已有教育资源严重不足，难以满足社会对教育的需求。教育主管部门通过分析区域内常住和户籍适龄儿童数量、已有学校情况等数据，利用大数据技术，及时掌握区域内学生数量，提前预测教育资源建设需求，推测教育资源缺口情况，提前开展教育资源建设，满足社会大众对教育资源的需求。

13. 能源领域

随着大量智能终端的安装部署，电力公司和天然气公司可以实时获取用户的用电、用气信息，海量的用户能源消费数据，构成了能源大数据基础，通过大数据分析技术，及时掌握客户的能源消费行为，优化提升短期能源负荷预测系统，提前预知未来2~3个月的能源需求电量、能源消费高峰和低谷，提前制定能源解决方案，避免出现高峰期能源供应不足，影响企业生产和居民生活。此外，大数据在风力发电机安装选址方面也发挥着重要的作用。利用气候、环境历史数据，设计风机选址模型，确定安装风力涡轮机和整个风电场最佳的地点，从而提高风机生产效率和延长使用寿命，显著提高了选址效率和正确性。

14. 社区服务领域

大数据技术在社区服务中发挥着重要作用，促进了社区的发展，改善了公共服务，提高了居民生活质量。首先，大数据应用于社区服务可以优化城市规划和基础设施建设。其次，通过分析人口密度、交通流量、公共设施使用情况等数据，支持合理的城市规划和公共设施布局，满足居民日常需求。此外，大数据支持社区安全和治安管理。通过监控摄像头、传感器和社交媒体数据分析，提供智能化安全解决方案，帮助预防犯罪和提升应急响应能力。大数据还在社区管理和参与方面发挥着作用，它支持政府和非营利组织更好地了解居民需求、听取意见、制定政策，并鼓励社区居民参与社区事务和民主决策过程。大数据技术的应用不仅推动了社区服务的智能化和个性化，优化了资源分配、提高了服务质量，还促进了社区居民参与、发展和安全。

不难发现，大数据应用已成为现代社会发展的重要支撑和推动力量。通过对大数据的挖掘和分析，可以为决策提供更准确的信息，优化业务流程，提升运营效率。随着技术的进步和应用场景的拓展，大数据应用将进一步广泛且深入地融入各个领域。

1.1.4　我国大数据的发展历程

当前，数据作为新型生产要素，成为整个社会数字化、网络化、智能化的基础，已快速融入生产、分配、流通、消费和社会服务管理等各个环节，深刻改变着生产方式、生活方式和社会治理方式。激活数据要素价值，是促进我国发展数字经济、优化领域资源配置、驱动企业降本增效的关键技术手段。中国大数据发展历程可以分为以下 4 个阶段。

1. 萌发阶段（2012—2013 年）

这个阶段主要是技术引进和试点示范。当时国内大数据技术发展相对滞后，主要侧重于学习和引进国外先进大数据技术。与此同时，政府开始推动大数据技术的研发和应用，部分企业也开始试用大数据技术以优化业务流程。2013 年 11 月，国家统计局与阿里、百度等 11 家企业签署了战略合作框架协议，推动大数据在政府统计中的应用。

此阶段大数据市场快速成长，随着移动互联网的发展，大数据技术逐渐被大众熟知。

2. 探索发展阶段（2014—2015 年）

这个阶段是中国大数据发展的探索期。政府和企业逐渐认识到大数据的重要性，开始加大投入。政府相继出台了一系列支持大数据发展的政策，企业也开始加强技术创新和应用拓展，逐渐形成了大数据产业。国内云厂商开始布局大数据工具链，围绕 Hadoop、MPP 数据库、敏捷 BI 诞生了一批初创企业。

2014 年，大数据首次写入政府工作报告，大数据上升为国家战略。

2015 年，国务院发布《促进大数据发展行动纲要》，明确提出"数据是国家基础性战略资源"，这是指导中国大数据发展的国家顶层设计和总体部署。

2015 年 4 月，全国首个大数据交易所——贵阳大数据交易所正式挂牌运营。

此阶段大数据迎来了发展的小高潮，世界各国纷纷布局大数据，大数据时代悄然来临。

3. 加速发展阶段（2016—2020 年）

这个阶段是中国大数据发展的加速期。政府和企业对于大数据的投入不断增加，促使大数据产业迅速发展。政府相继出台了多项支持大数据发展的政策，同时企业也在不断探索和创新，推出了一系列具有创新性和领先性的产品和服务。大数据技术产品不断丰富和成熟，大数据应用从消费互联网向制造业、农业、能源、零售等产业互联网以及自然资源、城市规划、社会服务等公共事业渗透，不断赋能实体行业。《大数据产业"十三五"规划》的发布实施，提出五大发展目标、七大重点任务和八项重点工程，经过五年发展，大数据产业快速向前迈进。

2016 年 1 月，《贵州省大数据发展应用促进条例》出台，成为全国第一部大数据地方法规。

2016 年 2 月，教育部发布的《2015 年度普通高等学校本科专业备案和审批结果》中就首次增加了"数据科学与大数据技术专业"，设计了相对完善的大数据课程体系。

2016 年 2 月，国家发展改革委、工业和信息化部、中央网信办同意贵州省建设国家大数据（贵州）综合试验区，这也是首个国家级大数据综合试验区。

2016 年 10 月，国家同意在京津冀、珠江三角洲、上海、重庆、河南等 7 个区域推进国家大数据综合试验区建设。

2017 年，多个省、市相继成立了大数据管理和服务机构，统筹决策领导作用显著。

2017 年 1 月，工业和信息化部印发《大数据产业"十三五"发展规划》。

2017 年 2 月，贵阳市向首批 16 个具有引领性和标志性的大数据产业集聚区和示范基地进行授牌，作为国家大数据综合试验区核心区。

2017 年 5 月，《贵阳市政府数据共享开放条例》施行，全国首部政府数据共享开放地方性法规诞生。

2018 年底，国家累计发布了 43 条相关政策，全国有 31 个省（自治区、直辖市）累计发布政策 347 条，其中贵州、广东、福建和浙江领先。

2020 年 3 月，《中共中央 国务院关于构建更加完善的要素市场化配置体制机制的意见》首次将数据与土地、劳动力、资本、技术等传统要素相并列，指出了数据要素的改革方向和市场化配置的具体措施。

伴随着国家部委有关大数据行业应用政策的出台，国内的金融、政务、电信、物流等行业中大数据应用的价值不断凸显。同时，随着我国大力发展数字经济，推进数字中国建设，大数据产业发展将迎来高速发展期。

4. 深化发展阶段（2021 年至今）

这个阶段是中国大数据发展的深化期。政府和企业对大数据的投入持续增加，加速了大数据产业向更广泛的领域拓展。与此同时，随着人工智能、物联网等技术的不断发展，大数据的应用场景也开始更加丰富和深入。"十四五"规划全面布局大数据发展，提出五大目标、六大任务和六项行动，产业将步入集成创新、快速发展、深度应用、结构优化新阶段。

随着国内相关产业体系日渐完善，各类行业融合应用逐步深入，国家大数据战略开始走向深化，数据成为数字经济深化发展的核心引擎。大数据产业基础不断夯实，产业链保持高效稳定、产业生态日益繁荣，开始探索形成数据要素价值体系。

当前阶段，数据要素市场化配置上升为国家战略，培育和发展数据要素市场，释放数据红利，对我国发展数字经济、完善现代化经济体系产生深远影响。在数字社会，数据扮演基础性战略资源和关键性生产要素双重角色，一方面，有价值的数据资源是生产力的重要组成部分，是催生和推动众多数字经济新产业、新业态、新模式发展的基础；另一方面，数据区别于以往生产要素的突出特点是对其他要素资源具有乘数作用，可以放大劳动力、资本等要素在社会各行业价值链流转中产生的价值。作为生产要素之一，数据的流通、交易、资产化、资本化等获得了前所未有的关注。

中国大数据发展经历了萌发、探索发展、加速发展和深化发展4个阶段。目前，中国已经成为全球大数据发展最具活力的国家之一。未来，随着技术的不断进步和应用场景的不断拓展，中国的大数据产业将继续保持快速发展态势。

1.2 时空大数据概念与内涵

随着全球卫星导航定位技术、天空地一体遥感技术、地理信息系统技术和通信网络技术的发展，地球表层的几何特征和物理特征等早就成为可被感知、记录、存储、分析和利用的地理时空数据。遥感对地观测已经形成高、中、低轨道结合，大、中、小卫星协同，粗、细、精分辨率互补的全方位、全天候的全球立体观测网。高分辨率、高动态的新型卫星传感器波段数量多、光谱分辨率高、周期短，造成遥感数据量越来越大，达到了千兆量级以上。

同时，空间基础数据也在递增，积累了大量的城市电子地图数据、城市规划道路网络数据、工程地质数据、用地现状数据、总体规划数据、控制性详细规划数据、用地红线数据、森林资源调查数据、野生动物保护数据、自然保护地监测数据等。目前，除了上述累积的数据外，现在的各类传感器还在不停地采集新数据。这些空间数据极大地满足了人类活动需求，拓宽了可利用的信息源，构建了时空大数据的基础。

1.2.1 时空大数据概念

2020年7月，"时空大数据"作为大数据战略重点实验室全国科学技术名词审定委员会研究基地收集审定的第一批108条大数据新词之一，报全国科学技术名词审定委员会批准，准予向社会发布试用。

时空大数据是大数据与地理时空数据的融合，是以地球为对象，基于统一的时空基准（空间参照系统、时间参照系统），存在于空间与时间中，与位置直接（定位）或间接（时空分布）相关联的大规模海量数据集。

时空大数据是现实地理世界空间结构与空间关系各要素（现象）的数量、质量特征及其随时间变化而变化的数据集的"总和"（图1-1）。

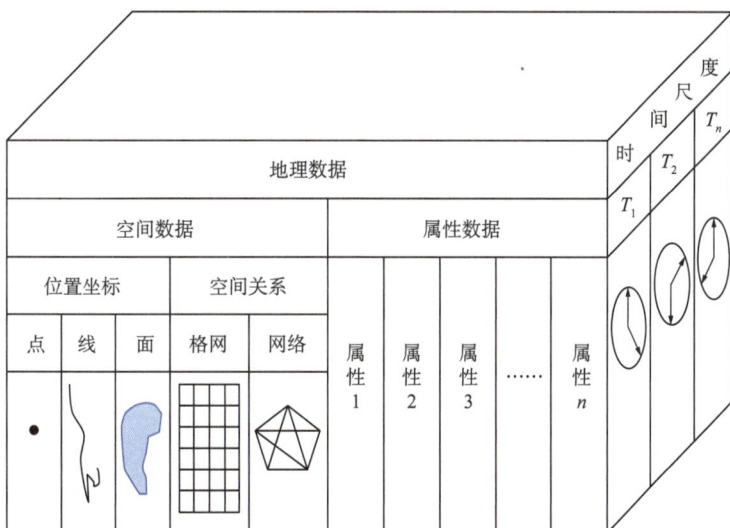

图1-1　时空大数据构成

时空大数据由"基础地理时空数据"和"部门行业专题数据"融合而成。

1. 基础地理时空数据

包括时空基准数据、全球导航卫星系统（GNSS）和位置轨迹数据、空间大地测量与物理测量数据、海洋测绘数据、地图/航空图/各类专题地图/地图集、与位置相关联的空间媒体数据、地名数据、遥感影像数据等。

（1）时空基准数据

包括时间基准数据和空间基准数据两类。对于前者，有守时系统数据、授时系统数据和用时系统数据；对于后者，有大地坐标基准数据、高程基准和深度基准数据、重磁基准数据。时间基准是靠数十台甚至百余台高精度原子钟、绝钟的高精度时间数据来维持的，同时还有备份守时系统的数据。大地坐标基准靠多个高精度框架点来维持。

（2）全球导航卫星系统（GNSS）和位置轨迹数据

包括全球导航卫星系统基准站数据和位置轨迹数据。对于全球导航卫星系统基准站数据，一个基准站一天的数据量约为70MB，按全国3000个基准站计算，则一天的数据总量约为205GB；位置轨迹数据指通过全球导航卫星系统接收机、手机等记录的用户活动数据，可被用于反映用户的位置和用户的社会偏好及相关交通运行位置轨迹，包括个人、群体、交通、物流、信息流、资金流（运钞车、资金流进出点的时间）等位置轨迹数据。

（3）空间大地测量与物理测量数据

包括天文点数据、全球定位系统（GPS）和控制网数据、水准高程数据和水深数据。物理测量数据，包括重力场数据和磁力测量数据，其中对1000m格网，全国重力格网数据达100TB，还有各类卫星重力数据和海洋重力数据。

（4）海洋测绘数据

包括水深测量数据、数字水深模型（DDM）数据、数字海洋地形模型（DCTM）数据、海洋水文数据、海上助航数据、海上障碍物数据、海图数据等。

（5）地图/航空图/各类专题地图/地图集

包括数字矢量线划地图数据（DLG），如城市1∶200、1∶500、1∶1000、1∶2000、1∶5000数字地图数据，各省（自治区、直辖市）1∶1万数字地图数据，全国1∶5万、1∶25万、1∶50万、1∶100万数字地图数据，周边地区1∶250万、1∶800万；全球1∶500万、1∶1400万数字地图数据；数字栅格地图数据（DRG）；数字航空图数据；数字地形模型数据（DTM）；数字高程模型（DEM）；全国数字正射影像地图数据；世界、国家、省（自治区、直辖市）、市各类（种）地图集数据；网络（站）地图数据；电子地图数据；专题地图数据；数字地面模型数据（DSM）。

（6）与位置相关联的空间媒体数据

指具有空间位置特征且随时间变化的数字化文本、图形、图像、声音、视频、影像和动画等媒体数据，包括5种：a.通信数据，如中国移动每月的电话通联记录（CDR）数据为7~15PB；b.社交网络数据，如Face Book每月生成与位置相关的日志数据超过300TB；c.搜索引擎数据，如Google每天处理约20PB数据；d.含有物流位置的电子商务数据，如淘宝网单日处理的数据总量达40PB；e.城市监控摄像头数据，如上海平安城市部署的监控摄像头为60万个，未来5年计划达到100万个，其中10个只是高清摄像头，每天产生的位置监控数据达到PB级。

（7）地名数据

指地图/海图/航空图（地图集）上地理实体的名称注记。包括：居民地名称注记，居民地内突出建筑物、单位等名称注记，道路（含街道）名称及其附属设施名称注记，机场、港口、码头名称注记，江、河、湖、海、水库等水体名称注记，行政区域（单元）名称注记，地理区域（单元）名称注记。

（8）遥感影像数据

包括卫星影像数据，如可见光、微波、红外、激光、雷达；多光谱、多分辨率、多时相；航空影像数据，如有人机、无人机、低空数据。据统计，仅 0.5m 分辨率影像覆盖全国一次的数据量可达 65TB。

2. 部门行业专题数据

包括政府部门 / 企业 / 研究院所的业务数据和科学数据、视频观测数据、搜索引擎数据、网络空间数据、社交网络数据、变化检测数据、与位置相关的空间媒体数据和人文地理数据等。

1.2.2 时空大数据基本特征

时空大数据除具备大数据的特征外，还具有空间位置特征、高维度、动态变化、多源异构、高精度、实时性、关联性、多尺度性、复杂性和巨量性等特征，这些特征为时空大数据的处理和应用带来了挑战和机遇。

（1）空间位置特征

点、线、面的三维空间位置（S_i—$X_iY_iZ_i$），点、线、面的空间关系（拓扑、方向、变量）；由点构成线，由线构成面，由面构成体。

（2）高维度

时空大数据通常包含空间维（S_i—$X_iY_iZ_i$）、属性维（D_i）、时间维（T_i）等多个维度，这些维度之间相互关联，增加了时空大数据处理的复杂性。

（3）动态变化

时空大数据反映的是现实世界中的现象和事件，而这些现象和事件是不断变化和演进的。因此，时空大数据具有动态变化的特征。

（4）多源异构

时空大数据来自不同的数据源，包括传感器、全球导航卫星系统、地图数据、社交媒体等，这些数据源的格式和结构各不相同，因此具有多源异构的特征。

（5）高精度

时空大数据通常具有较高的精度，如 GPS 定位数据、遥感影像数据等，这些数据对于位置和时间的精度要求较高。

（6）实时性

随着传感器网络和移动设备的普及，时空大数据的采集和更新速度越来越快，因此具有实时性的特征。

（7）关联性

时空大数据中的时间和空间维度之间存在紧密的关联性，时间的变化往往会影响空间的位置和状态。

（8）多尺度性

时空大数据涉及的尺度范围广泛，从宏观的地球观测数据到微观的城市交通数据，不同尺度的数据具有不同的特点和用途。

（9）复杂性

由于时空大数据具有多维、动态变化、多源异构等特点，数据的结构和关系相对复杂，因此，需要综合运用多种方法来有效处理这些数据。

（10）巨量性

时空大数据量巨大，达到 TB、PB、EB 甚至 ZB 级，需要科学先进的存储管理技术。

1.2.3　林业时空大数据建设内容

生态文明建设关系中华民族永续发展的根本大计。科学推进国土绿化是贯彻新发展理念、建设美丽中国的必然要求，也是实现碳达峰、碳中和目标的战略选择。践行生态文明思想，积极推进国土绿化事业发展，将为生态文明建设和气候变化应对作出新的更大的贡献。习近平总书记多次强调，要把信息化建设作为我国抢占新一轮发展制高点、构筑国际竞争新优势的有利契机。

林业信息化建设是现代林业建设的重要组成部分，是促进林业科学发展的重要手段，是关系林业工作全局的战略举措和当务之急。加快推进林业信息化，逐步建立布局科学、高效便捷、先进实用、稳定安全的林业信息体系，对促进林业决策科学化、办公规范化、监督透明化和服务便捷化具有十分重要的意义。

为加快林业信息化进程，2009 年，国家林业局正式颁发《全国林业信息化建设纲要（2008—2020 年）》和《全国林业信息化建设技术指南（2008—2020 年）》，确立了 3 个阶段的基本目标：建立起功能齐备、互通共享、高效便捷、稳定安全的林业信息化体系，全面提高林业信息化应用水平，为林业大数据建设与发展奠定坚实基础。

2014 年底，国家林业局组织开展了中国林业大数据发展战略研究，从全球、国家、林业等维度开展专业化探究，全面分析林业大数据的指导思想、基本原则、主要目标、分析体系和发展路径，并开始编制《中国林业大数据发展战略研究》。《中国林业大数据发展战略研究》明确了林业大数据的指导思想、基本原则和主要目标，创新了林业大数据的发展思路，构建了林业大数据的分析体系，布局了林业大数据的发展路径。按照总体设计，中国林业大数据主中心设立在国家林业局，主中心和各省林业大数据分中心间实现数据共享和业务协同，共同推动林业大数据发展。

2015年8月，国务院印发《促进大数据发展行动纲要》，国家林业局为积极贯彻落实该文件精神，结合自身业务，以加强林业大数据应用作为提升政府治理的主要实现路径，于2015年11月出台《国家林业局落实〈促进大数据发展行动纲要〉的三年工作方案》。方案明确了林业大数据发展目标，确定了林业大数据发展的总体思路、主要任务：借鉴国内外大数据发展新技术新理念，建立林业大数据分析模型；开展林业大数据监测采集、林业生态安全分析评价；编制林业大数据应用技术标准，建立林业大数据规范；完善林业数据开发和共享目录，推动数据开放共享利用等。

为进一步推进数据资源开放共享，打破数据资源壁垒，积极培育林业发展新业态，全面推进林业大数据发展和应用，2016年7月，国家林业局正式出台了《关于加快中国林业大数据发展的指导意见》，明确指出林业大数据主要任务是建设林业大数据采集体系、应用体系、开放共享体系、技术体系四大体系。同年，国家林业局在《"互联网+"林业行动计划——全国林业信息化发展"十三五"规划》中明确提出：我国林业信息化要紧贴林业改革发展、资源保护、生态修复、产业发展等各项事业，要充分利用云计算、物联网、移动互联网、大数据等新一代信息技术推动信息化与林业深度融合，打造统一平台，统一业务网络、业务平台、数据共享、标准规范，推动林业信息化统一建设、开放共享、整体推进，建立智慧化发展长效机制，形成林业高效高质发展新模式。

总而言之，从国家大数据发展战略到林业信息化建设部署、林业大数据建设的一脉相承的发展过程以及近年来地方林业大数据中心的建设实际总结来看，我国林业时空大数据建设至少包括以下具体内容。

（1）标准规范体系建设

按照总体标准、信息资源标准、应用标准、基础设施标准和管理标准的主要内容搭建林业信息化标准规范体系框架，围绕数据采集、汇集、存储、更新、共享服务与应用、信息安全、管理制度等方面，构建一体化的林业大数据资源标准规范体系。

（2）数据资源体系建设

整合集成林业资源各类数据，建设林业大数据中心，建立林业信息资源目录体系与交换体系；完成省级以上单位各类林业信息资源及林业专业基础数据的标准化改造和整合；建立交换机制和管理制度，实现林业业务应用纵向、横向的信息汇集与共享以及行业间的信息交换与共享；提高空间数据库管理能力，引入分布式管理技术，解决林业不同数据格式、不同基准、不同类型的空间数据的无缝集成和管理；构建林业资源数据分层分级管理模式，建立并完善数据统一汇交机制、联动更新机制，形成跨部门、跨业务、省市县联动的统一的林业资源数据。

（3）林业大数据平台建设

建设林业时空大数据引擎、综合管理平台、智慧服务平台，构建林业数据中台；搭建大数据存储引擎、混合计算引擎、业务模型框架的空间大数据引擎；构建林业云、智能决策平台，建立业务化大数据分析模型知识库，服务海量数据智能处理、智能挖掘与决策，实现林业基础数据资源开发利用和共享。

（4）应用服务系统建设

构建应用服务系统和业务应用系统两个部分。应用服务系统基于目录和交换体系，以信息资源共享服务、业务协同服务、辅助决策和公众应用服务等形式，为用户提供共享服务。业务应用系统可包含为业务类、综合类和公用类 3 类：业务类应用系统包括林业资源监管、森林培育经营、防灾减灾、森林公安、林业政策法规、林业执法监督等系统；综合类应用系统服务于综合办公；公用类应用系统服务于林业计划、财务、科技、教育等。

（5）信息安全体系建设

落实国家网络空间安全和自主可控技术等政策要求，建立信息安全体系，达到国家电子政务安全等级标准。统筹完善信息安全的规划、建设、运行、管理的各个方面，构建完善的安全防护体系。

（6）基础设施建设

建设配套计算机系统、网络基础设施、机房及配套、安全基础设施。另外，还需为应用系统建设、运行、协同提供统一的应用支撑，包括资源共享、信息交换、业务访问、业务集成、流程控制、安全控制、系统管理等多种基础性和公共性的支撑服务。建设内容包括业务流程管理、林业数表模型、基础组件、中间件和常用工具软件。

1.3 大数据挖掘研究与应用

1.3.1 大数据挖掘概念

1989 年，在美国底特律市召开第一届国际人工智能联合会议（IJCAI），数据库、人工智能、数理统计和可视化等技术融合，催生了从数据库中发现知识（Knowledge Discovery in Databases，KDD）的概念。人们终于意识到隐藏在数据之后的更深层、更重要的信息能够描述数据的整体特征，可以预测发展趋势，这些信息在决策生成的过程中具有重要的参考价值[4]。KDD 有过很多定义，内涵也各不尽相同，目前公认的定义是由 Fayyad 等人提出的，所谓 KDD 是指从大量数据中提取有效的、新颖的、潜在有用的、最终可被理解的模式的非平凡过程。1995 年，第一届"知识发现和数据挖掘（Data Mining，DM）"国际学术会议在加拿大蒙特利尔召开，会议上首次提出并阐述了"数据挖掘"一词，将数据喻为待挖掘的矿床。后又相继出现数据发掘、数据开采、知识提取、信息发现等相同或相似的名称，虽然名称不同，但本质都是从数据库中提取潜在的有用的知识[5]。

数据挖掘是 KDD 过程中的一个重要步骤，其中包括特定的数据挖掘算法。

通常是指从大量、不完全、有噪声、模糊和动态的数据中发现隐含的、规律性的、潜在有用且最终可理解的信息和知识的非平凡过程，实现"信息—知识—价值"的转变[6]（图 1-2）。

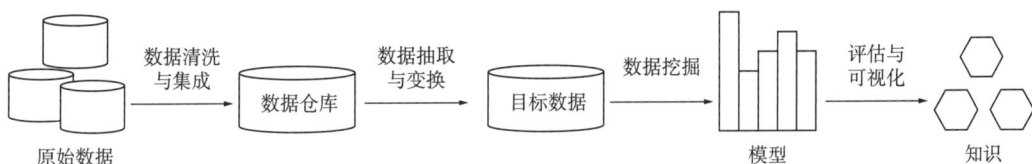

图 1-2　数据挖掘过程

①数据准备：熟悉业务背景，明确用户需求，梳理所需数据清单，并收集相应数据。

②数据清洗与集成：对收集的数据进行清洗，检查数据的完整性及一致性，消除噪声，舍去冗余数据。将清洗后的多源异构数据集成在数据仓库中，供后续数据挖掘使用。

③数据抽取：根据用户的需要和目标任务从数据仓库中选取相关数据或样本。

④数据变换：其作用是对目标数据进行处理，满足数据挖掘存储和运算需要。

⑥确定目标：根据用户的要求，确定数据挖掘的知识类型。不同的知识类型需要采用不同的数据挖掘算法，如关联规则、空间分析、统计分析、聚类、人工神经网络、时间序列等。

⑦选择算法：根据目标任务，选择合适的数据挖掘算法，包括选取合适的模型和参数。同样的目标可以选用不同的算法来解决，这可以根据具体情况进行分析选择。有两种选择算法的途径，一是根据数据的特点不同，选择与之相适应的算法；二是根据用户的需求，选择合适的算法。

⑧数据挖掘：运用前面选择的算法，从数据库中提取用户感兴趣的知识，并以相应的方式表示出来。

⑨知识评估：对数据挖掘步骤中发现的知识进行评估。经过用户或系统评估后，可能会发现知识中存在冗余或冲突等异常情况，无法满足使用需求。如果知识不能满足用

户的需求，就需要返回到前面的处理步骤中反复提取。例如，重新选取数据、采用新的数据变换方法、修改数据挖掘算法的某些参数值，甚至换另外一种挖掘算法，从而提取出更有效的知识。

⑩知识可视化评价：由于挖掘出来的知识最终是呈现给用户的，将发现的知识以可视化等形象直观的方式呈现给用户，便于用户理解和使用。

数据挖掘所能发现的知识有如下 6 种：广义型知识，反映同类事物共同性质的知识；特征型知识，反映事物各方面的特征知识；差异型知识，反映不同事物之间属性差别的知识；关联型知识，反映事物之间依赖或关联关系的知识；预测型知识，根据历史的和当前的数据推测未来数据；偏离型知识，揭示事物偏离常规的异常现象。所有这些知识都可以在不同的层次上被发现，从微观到宏观，以满足不同用户、不同层次决策的需要。

1.3.2 大数据挖掘研究进展

数据挖掘涉及人工智能、机器学习、模式识别、归纳推理、统计学、数据库、高性能计算、数据可视化等多种技术方法，是一门典型的交叉性学科。随着各行业对大规模数据处理和深度分析需求的快速增长，大数据挖掘已成为一个引起学术界重视、具有广泛应用需求的热门研究领域。

经过 30 多年的发展，数据挖掘研究取得了丰硕的成果。从总体研究方向来看，国内和国外的研究方向存在显著的差异。国外的研究偏重于数据挖掘的理论基础和交叉学科的研究；国内的研究偏重于应用研究，以最新的技术解决现实的问题。国内学者在解决问题方面的研究上处于国际前沿水平，但在定义全新的科学问题方面还缺乏开创性的成果。在基础研究方面，国内学者和国际领先的研究团队相比还有显著的差距。

1. 大数据挖掘工具研究进展

经过多年的发展，许多商业软件公司开发了多款大数据挖掘工具。这些工具得到了广大用户的应用，提高了大数据挖掘的效率，降低了大数据挖掘的难度，为大数据挖掘的应用提供了便捷。

（1）SPSS

SPSS（Statistical Package for the Social Sciences）是目前最流行的统计软件平台之一。自 2015 年开始提供统计产品和服务方案以来，该软件的各种高级功能被广泛地运用于学习算法、统计分析（包括描述性回归、聚类等）、文本分析以及与大数据集成等场景中。同时，SPPS 允许用户通过多种专业性的扩展，运用 Python 和 R 来改进其 SPSS 语法。

（2）R

R 是一种编程语言，可用于统计计算与图形环境。它能够与 UNIX、FreeBSD、Linux、

macOS 和 Windows 操作系统相兼容。R 可以被运用在诸如时间序列分析、聚类以及线性与非线性建模等多种统计分析场景中。同时，作为一种免费的统计计算环境，它还能够提供连贯的系统、多种出色的数据挖掘包、可用于数据分析的图形化工具以及大量的中间件工具。此外，它也是 SAS 和 SPSS 等统计软件的开源解决方案。

（3）SAS

SAS（Statistical Analysis System）是数据与文本挖掘（Text Mining）及优化的合适选择。它能够根据组织的需求和目标，提供了多种分析技术和方法功能。目前，它能够提供描述性建模（有助于对用户进行分类和描述）、预测性建模（便于预测未知结果）和解析性建模（用于解析、过滤和转换诸如电子邮件、注释字段、书籍等非结构化数据）。此外，其分布式内存处理架构，还具有高度的可扩展性。

（4）WEKA

WEKA（Waikato Environment for Knowledge Analysis）是由 Waikato 大学开发的基于 Java 语言的数据挖掘平台，它集成了适合数据挖掘的当今最新的机器学习算法（如分类、聚类、关联规则、回归等）和数据预处理工具，在兼容性和可扩展性方面有独特的优势。WEKA 轻巧便捷，安装简单，非常适合个人用户和中小企业使用。在操作上可以无须编程进行可视化操作，支持拖拉拽式工作流程，使用起来非常方便，但是无论是数据预处理还是算法选择和调参都需要工程师手动完成，因此使用者需要具备一定统计学基础和数据挖掘经验。

（5）ODB

ODB（Oracle Data Mining）是 Oracle Advanced Analytics 的一部分。该数据挖掘工具提供了出色的数据预测算法，可用于分类、回归、聚类、关联、属性重要性判断以及其他专业分析。此外，ODB 也可以使用 SQL、PL/SQL、R 和 Java 等接口，来检索有价值的数据见解，并予以准确地预测。

（6）KNIME

2006 年首发的开源软件 KNIME（Konstanz Information Miner），如今已被广泛地应用在银行、生命科学、出版和咨询等行业的数据科学和机器学习领域。同时，它提供本地和云端连接器，以实现不同环境之间数据的迁移。虽然它是用 Java 实现的，但是 KNIME 提供了多种节点，以方便用户在 Ruby、Python 和 R 中运行它。

（7）RapidMiner

作为一种开源的数据挖掘工具，RapidMiner 可与 R 和 Python 无缝地集成。它通过提供丰富的产品，来创建新的数据挖掘过程，并提供各种高级分析。同时，RapidMiner 是由 Java 编写，可以与 WEKA 和 R-tool 相集成，是目前好用的预测分析系统之一。它能够提供诸如远程分析处理、创建和验证预测模型、多种数据管理方法、内置模板、可重复的工作流程、数据过滤以及合并与联接等多项实用功能。

（8）Orange

Orange 是基于 Python 的开源式数据挖掘软件。当然，除了提供基本的数据挖掘功能，Orange 也支持可用于数据建模、回归、聚类、预处理等领域的机器学习算法。同时，Orange 还提供了可视化的编程环境，具备方便用户拖放组件与链接的能力。

（9）Apache Spark

Apache Spark 凭借其处理大数据的易用性与高性能而备受欢迎。它具有针对 Java、Python（PySpark）、R（SparkR）、SQL、Scala 等多种接口，能够提供 80 多个高级运算符，以方便用户更快地编写出代码。另外，Apache Spark 也提供了针对 SQL and DataFrames、Spark Streaming、GrpahX 和 MLlib 的代码库，以快速地实现数据处理和数据流平台。

（10）Hadoop MapReduce

Hadoop 是处理大量数据和多种计算问题的开源工具集合。虽然是用 Java 编写而成，但是任何编程语言都可以与 Hadoop Streaming 协同使用。其中 MapReduce 是 Hadoop 的实现和编程模型。它允许用户"映射（Map）"和"简化（Reduce）"多种常用的功能，并且可以横跨庞大的数据集，执行大型联接（Join）操作。此外，Hadoop 也提供了诸如用户活动分析、非结构化数据处理、日志分析以及文本挖掘等应用。目前，它已成为一种针对大数据执行复杂数据挖掘的广泛适用的方案。

（11）Qlik

Qlik 是一个能够运用可扩展且灵活的方法去处理数据分析和挖掘的平台。它具有易用的拖放界面，并能够即时响应用户的修改和交互。为了支持多个数据源，Qlik 通过各种连接器、扩展、内置应用以及 API 集，实现与各种外部应用格式的无缝集成。同时，它也是集中式共享分析的绝佳工具。

（12）Scikit-learn

作为一款可用于 Python 机器学习的免费软件工具，Scikit-learn 能够提供出色的数据分析和挖掘功能。它具有诸如分类、回归、聚类、预处理、模型选择以及降维等多种功能。

（13）Rattle（R）

由 R 语言开发的 Rattle，能够与 macOS、Windows 和 Linux 等操作系统相兼容。它主要被美国和澳大利亚的用户用于企业商业与学术目的。R 的计算能力能够为用户提供诸如聚类、数据可视化、建模以及其他统计分析类功能。

（14）Pandas（Python）

Pandas 也是利用 Python 进行数据挖掘的"一把好手"。由它提供的代码库既可以被用来进行数据分析，又可以管理目标系统的数据结构。

（15）H3O

作为一种开源的数据挖掘软件，H3O 可以被用来分析存储在云端架构里的数据。虽然是由 R 语言编写，但是该工具不但能与 Python 兼容，而且可以用于构建各种模型。此外，得益于 Java 的语言支持，H3O 能够被快速、轻松地部署到生产环境中。

（16）Amazon EMR

通过实施云端数据挖掘技术，用户可以从虚拟的集成数据仓库中检索到重要的信息，进而降低存储和基础架构的成本。作为处理大数据的云端解决方案，Amazon EMR 不仅可以被用于数据挖掘，还可以执行诸如 Web 索引、日志文件分析、财务分析、机器学习等数据科学工作。该平台提供了包括 Apache Spark 和 Apache Flink 在内的各种开源方案，并且能够通过自动调整集群类的任务，来提高大数据环境的可扩展性。

（17）Azure ML

作为一种基于云服务的环境，Azure ML 可用于构建、训练和部署各种机器学习模型。针对各种数据分析、挖掘与预测任务，Azure ML 可以让用户在云平台中对不同体量的数据进行计算和操控。

（18）Google AI Platform

与 Amazon EMR 和 Azure ML 类似，基于云端的 Google AI Platform 也能够提供各种机器学习栈。Google AI Platform 包括了各种数据库、机器学习库以及其他工具。用户可以在云端使用它们，以执行数据挖掘和其他数据科学类任务。

（19）PDMiner

中国科学院计算技术研究所开发的 PDMiner 是目前国内最早的基于云计算平台 Hadoop 的并行数据挖掘系统平台。它实现了各种并行数据挖掘算法，如数据预处理、关联规则分析以及分类、聚类等算法；能够处理大规模数据集；整合了已有的计算资源，提高了计算资源的利用效率。

（20）PyTorch

PyTorch 既是一个 Python 包，也是一个基于 Torch 库的深度学习框架。它最初是由 Facebook 的 AI 研究实验室（FAIR）开发的，属于深层的神经网络类数据科学工具。用户可以通过加载数据—预处理数据—定义模型—执行训练和评估这样的数据挖掘步骤，通过 PyTorch 对整个神经网络进行编程。此外，借助强大的 GPU 加速能力，Torch 可以实现快速的阵列计算。

（21）TensorFlow

与 PyTorch 相似，由 Google Brain Team 开发的 TensorFlow 也是基于 Python 的开源机器学习框架。它既可以被用于构建深度学习模型，又能够高度关注深度神经网络。TensorFlow 生态系统不但能够灵活地提供各种库和工具，而且拥有一个广泛的流行社区，开发人员可以进行各种问答和知识共享。尽管属于 Python 库，但是 TensorFlow 于 2017 年开始对 TensorFlow API 引入了 R 接口。

（22）Matplotlib

数据可视化是对从数据挖掘过程中提取的信息予以图形化表示。数据挖掘可视化工具能够让用户通过图形、图表、映射图以及其他可视化元素，直观地了解数据的趋势、模型和异常值。Matplotlib 是使用 Python 进行数据可视化的出色工具库。它允许用户利用交互式的图形，来创建诸如直方图、散点图、3D 图等质量图表，而且这些图表都可以从样式、轴属性、字体等方面被自定义。

2. 领域大数据挖掘应用研究进展

1993 年，国家自然科学基金会第一次对中国科学院进行数据挖掘研究提供了支持。自此，我国开始了对数据挖掘长达二三十年的研究。

在教育领域中，数据挖掘的分类方法可以有效地对学生的学习模式进行分类，为高等教育资源评估与改革提供理论支持。舒忠梅等人（2015）基于学生投入模型，挖掘了与学生"投入"相关的因素，并对学生的学习行为进行了分类研究。研究发现，学生的投入程度与学生的家庭背景、入学前特征、学校特征以及课程作业之间存在显著的相关关系，不同学生的投入程度及其学习行为表现，有助于加深学校对学生学习行为的了解，更好地研究学习规律的新趋势[7]。这为审视高校以生为本、以学为中心的人才培养措施和多元性发展提供了重要的参考与支持。

近年来，针对微博、短视频等社交媒体数据的挖掘也有诸多学者研究。挖掘的重点主要集中在分析微博的社会网络特性和文本内容中蕴含的语义信息上，特别是对微博主题的挖掘与探测成为研究的重要方向。由于微博内容受篇幅限制，传统聚类效果在微博文本分析中发挥的作用有限。为提高文本聚类的准确性，唐晓波等人（2015）提出了利用依存句法分析改进传统文本相似矩阵的方法[8]。这种方法构建了更为准确的相似矩阵，通过在此基础上运行聚类算法，以挖掘出热点主题。最终，根据评论数和转发数等指标挖掘出重要主题和重要微博，实现对微博主题的深入分析。在针对文本信息中潜在的知识关联的挖掘中，阮光册等人（2016）提出了一种对非结构化文本信息潜在语义关联挖掘的新思路，将主题模型和关联规则相结合，通过关联规则挖掘文本中主题的语义关联，改善针对文本信息的知识发现效果[9]。

在线医疗中，患者所需的咨询疾病信息和专业医生所能提供的诊治信息之间存在着信息鸿沟，自动疾病推理可以有效解决这个难题。在线医疗社区由患者和医生构成，在对在线医疗社区数据的特征分析中，吴江等人（2017）结合多种方式来分析此类社区的知识共享特征和用户群体特征，在构建的知识共享网络中，根据用户的知识互动行为特征对用户进行聚类分析，然后通过主题帖进行分类，分析不同类别主题帖的关注度差异，了解用户的知识需求[10]。

陈铭（2011）提出了一种基于相似维的高维子空间聚类方法（SDSCA），这种方法首先删除原高维数据空间中的冗余属性，然后运用相似维来寻找彼此相似的属性，最后在这些相似属性所形成的子空间上运用传统聚类算法进行聚类[11]。石亚冰等人（2013）针对传统空间聚类算法 $K-$ 均值聚类"对初始种子选取的依赖性过大，也容易陷入局部极小解"的缺点，提出了一种综合考虑空间数据对象特点的基于最大维密度选择方案的 $K-$ 均值聚类优化算法，很好地消除了聚类结果的波动性，同时也较客观地呈现了空间对象的分布规律[12]。

3. 基于云计算的大数据挖掘研究进展

随着社会经济的不断发展，大数据的体量急速增加，传统的大数据处理效率已难以有效满足现实需求，云计算技术应运而生。云计算提供了强大的计算资源和分布式系统架构，可以实现大规模数据的并行处理和分布式计算。云计算平台可以利用虚拟化技术实现资源的共享和动态分配，从而提高计算效率和资源利用率。此外，云计算还可以提供高性能的数据库服务和数据仓库服务，支持大数据的分析和挖掘。因此，越来越多的用户在进行基于云计算的大数据挖掘应用，并在这一领域取得了重要成果。

（1）基于云计算的数据挖掘系统研究

中国移动研究院早在 2007 年就开始了云计算平台下数据挖掘系统的研究，启动了"大云"的研发工作，并研发出基于 Hadoop 的并行数据挖掘工具 BC-PDM。厦门大学数据挖掘研究中心与台湾铭传大学资讯工程系、中华资料采矿协会合作开发了云端数据挖掘决策系统 MCU Smart Score，它是一套基于云计算的数据挖掘决策支持系统。

（2）基于云计算的数据挖掘算法研究

目前，国内外针对基于云计算的数据挖掘算法的研究较多。周丽娟等人（2014）提出了云计算环境下的基于复合链表挖掘的并行 FP-Growth 算法。该算法在传统的 FP-Growth 算法基础上进行了优化，一定程度上解决了传统 FP-Growth 算法的性能瓶颈，实现了更高的效率和更好的扩展性[13]。林长方等人（2014）以 Hadoop 为平台，针对关联规则典型算法 Apriori 提出了基于 MapReduce 框架的简单并行算法，并在该算法的基础上，提出了一种采用固定多阶段结合挖掘策略的改进算法，改进的算法能缩短挖掘时间，提高执行的效率[14]。

4. 时空大数据挖掘研究进展

时空数据挖掘是数据挖掘研究的前沿领域之一，已受到国际学术界和工业界的广泛关注，被 SCI、EI 收录的论文数量逐年上升。国际顶级会议（如数据库领域的 SIGMOD、VLDB、ICDE，数据挖掘领域的 SIGKDD、ICDM）和相关领域的著名国际期刊（如《IEEE Transaction on Knowledge and Engineering》《IEEE Transaction on Geoscience and Remote

《Sensing》等）每年都有很多关于时空数据挖掘研究成果的报道。

当前，时空数据挖掘的研究已吸引了来自地球信息系统、时空推理、数据挖掘、机器学习和模式识别等众多领域的学者，取得了诸多研究成果。与此同时，时空数据挖掘在许多领域得到应用，如移动电子商务（基于位置的服务）、土地利用分类及地域范围预测、全球气候变化监控（如海洋温度、厄尔尼诺现象）、犯罪易发点发现、交通协调与管理（如交通中的局部失稳、道路查找）、疾病监控、水资源管理、自然灾害（如台风、森林火灾）预警、公共卫生与医疗健康等。

1.3.3 时空大数据挖掘面临的挑战

李德仁首先关注从空间数据中发现知识并予以奠基。在1994年的加拿大渥太华举行的地球信息系统国际学术会议上，李德仁首次提出了从地球信息系统数据中发现知识的概念，并系统分析了空间数据挖掘的特点和方法，认为它能把地球信息系统有限的数据变成无限的知识。

时空数据挖掘的目的是在大的空间和时空数据中发现有趣的、有用的但非平凡的模式。由于其跨学科性质，分析和挖掘这些数据对于推进许多科学问题的解决和现实世界先进技术的应用是非常重要的。因此时空数据挖掘广泛应用于生态学、公共安全、地球科学等领域[15]。图1-3展示了时空数据挖掘的整体过程。输入时空数据经过预处理去除噪声、误差等后进行时空分析，了解其时空分布，采用合适的时空数据挖掘算法，产生输出模式，然后由领域专家进行研究和验证，发现新的见解，并相应地改进数据挖掘算法。

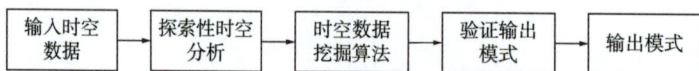

输入时空数据 → 探索性时空分析 → 时空数据挖掘算法 → 验证输出模式 → 输出模式

图1-3　时空数据挖掘的整体过程

随着时空数据挖掘研究的不断深入和应用领域的不断拓展，虽然时空数据挖掘取得了许多进展和应用成果，然而随着时空数据量呈几何级增长、数据复杂度显著提升，仍然存在着许多技术难点和瓶颈问题，面临着诸多挑战。

1. 数据数量巨大

随着物联网、GPS、摄像头等时空数据采集设备的普及，时空大数据的数量正在呈现爆炸性增长的趋势。这种增长既促进了时空大数据挖掘的发展，也给时空大数据的存储、处理和分析带来了巨大的挑战。虽然以 MapReduce 和 Hadoop 为代表的大规模并行计算平台的出现提供了一条研究大数据问题的新思路，但现有的 MapReduce 计算模型以键值对的形式组织和处理数据并不适合处理时空数据模型。此外，Hadoop 技术无法有效支持数据挖掘中监督学习所用的迭代式计算方法，因而也无法完全满足时空数据分析的需要。而且时空数据存在许多非结构化的数据，不仅包含时序数据模型，还存在图模型，例如道路网络等。所以必须研究面向大规模时空数据的新的数据存储管理和索引技术，以应对时空大数据的挑战。

2. 数据质量不高

由于时空数据采集设备的质量和精度的差异以及数据采集环境的多样性，时空数据可能存在着多种质量问题，如数据不完整、精度有误、重复冗余、格式矛盾、类型不同、尺度不同、标准差异、过时失效、错误异常、动态变化、局部稀疏等。每种问题又有多种成因，如噪声可能来自周期性噪声、条带噪声、孤立噪声和随机噪声。为确保数据分析结果的准确性，必须在数据使用之前采取有效的数据清洗和预处理方法，以提高数据的质量和精度。这样可以避免因数据质量问题导致的分析结果偏差，确保所提供的知识、服务和决策支持的可靠性和优质性。

3. 数据融合困难

时空数据来自不同的数据源，具有不同的格式和特征。要将这些数据进行有效地融合，需要解决许多技术难题。时空数据结构复杂且来源多样，整合、清洗和转换不同来源的时空数据对于数据挖掘研究至关重要。现有的时空数据主要来源于 GPS、遥感和传感器等设备，每种设备生成的数据格式和数据形式各不相同。此外，现有的时空数据也不再局限于传统的数据形式，尤其是互联网的蓬勃发展，在文字、音频和视频等多媒体数据中同样包含了丰富的时空数据。例如，广泛覆盖城市的监控摄像头记录了道路车辆的轨迹信息，从视频中可以还原出被监控车辆的移动轨迹。所以，对时空数据进行有效整合、清洗、转换和提取是时空数据预处理面临的重要问题。

4. 数据挖掘难度大

目前，大多数空间数据挖掘算法源自传统的数据挖掘方法，未充分考虑空间数据与一般数据在存储、处理和特性等方面的差异。这导致一些算法无法充分满足时空大数据挖掘的需求，进而降低了时空大数据的挖掘效率。因此，有必要针对时空大数据的特点，开发出能够高效应对大规模、高维度的时空数据挖掘算法和工具。这包括设计高效的时空数据索引和查询语句，解决时空数据在聚类和分类等方面的难题。

5. 隐私和安全问题

尽管时空大数据挖掘在促进科学发展、商业管理和政府决策等方面发挥着积极作用，但也伴随着巨大的数据隐私泄漏风险。因此，如何在维护空间数据隐私和安全的前提下成功开展时空大数据挖掘，成为当前面临的关键挑战。

6. 可视化和应用难度大

时空大数据挖掘结果的可视化和应用面临着相当大的挑战，因为时空数据的复杂性和多样性使得这一任务难度较高。为了更好地展示和应用空间数据挖掘的成果，必须开发出有效的可视化技术和工具。

总体而言，时空大数据挖掘面临着众多技术难题和挑战，需要采用切实有效的技术和方法来解决这些问题，从而更充分地发挥出时空大数据的价值和作用。

1.3.4 时空大数据挖掘在林业中的应用

我国林业领域的时空大数据挖掘应用虽然起步较晚，但经过多年的不断努力和深入研究，应用范围已涉及林草相关业务领域。这些领域包括林草湿资源调查监测、林木生长与收获预测、森林火灾监测预警、森林病虫害防治以及森林资源健康状况评估等方面。总之，时空大数据挖掘为林草资源智能化管理提供了新的思路和方法。

1. 林草湿资源调查监测

李广水（2010）利用构建决策树的方法对广东省韶关市九曲水林场范围的森林资源数据进行整理，调用本地属性约减预处理服务，生成精简属性事务表，算法中心的决策树归纳服务通过分析该事务表，生成决策树[16]。李明阳等人（2012）以南京市紫金山国家森林公园范围的森林资源数据为主要信息源，通过空间热点探测、趋势面分析、地理加权回归、决策树分析等数据挖掘方法，可以揭示数据库中没有清楚表现出来的知识和空间关系，从而为森林空间规划和经营措施设计提供科学依据[17]。

2. 林木生长与收获预测

数据挖掘在林木生长预估的应用研究中多见于粗糙集、决策树和神经网络方法的使用。高萌（2015）用关联规则和决策树，对黑龙江省佳木斯市孟家岗林场的落叶松林进行了生物量预测和分类[18]。林卓等人（2015）以闽西北杉木人工林为研究对象，运用 BP 神经网络、支持向量、遗传算法等方法建立林分收获模型，通过对比与分析得到，模型精度的提高对森林资源的精确监测和森林生长动态预测具有重要的理论价值[19]。

3. 森林火灾监测预警

在森林火灾监测预警管理中，关联规则、聚类分析等数据挖掘方法得到了充分而广泛地应用。温继文等人（2010）基于 Apriori 算法研究森林覆盖率、退耕还林率、火灾发生率等影响林业碳汇的自然和人为因素与碳量的关联关系，得出高火灾发生率的地区林业碳储量一般较低的结论，其支持度在 60% 以上，与实际情况相符[20]。谭三清（2008）通过创建森林火灾评判指标体系，将相关基础数据进行处理，并利用数据聚类手段，将广州市森林火险区划分为 3 类，分析了各类的火险[21]。

4. 森林病虫害防治

森林病虫害是一种影响植物生长和收获的灾害。在森林经营管理中，有效进行有害生物防治是至关重要的。通过对已有的病虫害数据进行挖掘分析处理，可以快速识别林木感染情况，及早发现并采取治疗措施，以减轻森林病虫害造成的损害。黄国胜等人（2005）以辽宁、吉林和黑龙江三省为研究区，通过林木病害的属性特征，利用基于事例的推理算法，生成了森林病害特征属性矩阵，借助算法寻找矩阵中的同类实例，最终聚类得到最佳的病害解决方案，得到良好的应用效果[22]。

5. 森林健康状况评估

针对森林健康状况评估，学者们运用了数据挖掘的关键技术进行了评估与分析。施明辉等人（2011）将自组织特征映射（SOM）神经网络引入森林健康评价领域，与地理信息系统技术相结合，基于森林经营小班尺度，对长白山白河林业局3个主要森林类型的森林健康状况进行定量评价，并分析了不同平均年龄段、不同平均树高、不同郁闭度森林小班的健康状况[23]。

第 2 章

时空大数据挖掘方法

数据挖掘中常用的分析挖掘方法包括关联规则方法、空间分析方法、统计分析方法、聚类分析方法、决策树和决策规则、模糊集和模糊理论、人工神经网络、遗传算法、时间序列方法等。近年来，随着数据采集技术的飞速发展，数据资源的几何级数性爆发，以云计算为代表的计算能力突飞猛进，与此同时深度学习、地理智能计算等新技术方法或算法不断得到应用和改进。这些方法具备各自独特的概念、原理、优缺点和适用方向。为更好地指导在不同应用场景和需求下选择适用的时空大数据挖掘方法，本章通过不同的分类标准对数据挖掘方法进行了分类，例如根据挖掘任务的多样性或挖掘对象的差异性等。

不同的数据挖掘方法具有不同的特征和适用范围，选择合适的方法可以有效提升数据挖掘的效率和准确性。因此，本章从应用场景、算法原理和特点、变量个数和质量的要求、模型诊断指标和措施、运行效率和资源消耗以及可解释性和可维护性等多个方面，比较了不同的方法。通过比较，有助于更全面地理解这些方法的优缺点，为林业时空大数据挖掘在特定的应用场景下选择最合适的算法奠定基础。

2.1 数据挖掘基本方法

数据挖掘是一个从大量数据中提取有用信息和知识的复杂过程，涵盖多种技术和方法，包括聚类分析、关联规则挖掘、序列挖掘、分类、回归分析等。这些方法的应用取决于数据的特征和业务需求。在实践中，通常需要结合多种方法和技术来处理不同类型的数据和问题。

时空大数据挖掘方法是一个跨学科且综合多种技术的新兴领域。它是时空数据获取技术、时空数据库技术、计算机技术、网络技术和管理决策支持技术等发展到一定阶段的产物，是多学科交叉融合、相互促进的新兴边缘学科。此领域汇集了机器学习、人工智能、模式识别、时空数据库、统计学、地理信息系统、基于知识的系统（包括专家系统）、可视化等领域的相关技术成果。因此，数据挖掘方法是丰富多彩的。鉴于时空数据库的特点，可以总结和提出适用于时空数据挖掘的一系列方法。

关联规则方法是一种从大量数据中发现项集之间有趣关联或相关联系的实用方法。这种方法可以帮助我们深入理解数据中隐藏的模式和关系，以便更好地进行决策。

关联规则方法通常包括以下步骤：

①数据预处理：这一阶段主要是对原始数据进行清洗、整理，消除噪声和冗余数据，为后续的关联规则挖掘提供干净、准确的数据集。

②频繁项集发现：频繁项集是指在数据集中出现频率超过设定阈值的项集。频繁项集的发现是关联规则挖掘的基础，因为只有频繁出现的项集才有可能存在有趣的关联规则。这一步通常使用如 Apriori、FP-Growth 等算法来实现。常用的算法有，a. Apriori 算法，是最常用和最经典的挖掘频繁项集的算法，其核心思想是通过连接产生候选项及其支持度然后通过剪枝生成频繁项集；b. FP-Tree 算法，针对 Apriori 算法固有的多次扫描事务数据集的缺陷提出的不产生候选项频繁项集的方法；c. Eclat 算法，是一种深度优先算法，采用垂直数据表示形式，在概念格理论的基础上利用基于前缀的等价关系将搜索空间划分为较小的空间；d. 灰色关联法，是一种分析和确定各因素之间的影响程度或是若干个因素（子序列）对主因素（母序列）的贡献度而进行的一种分析方法。

③关联规则生成：在找到频繁项集后，可以进一步生成关联规则。关联规则是指如果一个项集 A 中包含某一项，那么在另一个项集 B 中也包含这一项的规则。比如，购买了商品 A 的顾客，有很大概率也会购买商品 B。这一步中，我们通常会计算每个关联规则的支持度和置信度，以评估规则的实用性和可信度。

④关联规则分析：最后，需要对生成的关联规则进行分析。一方面，可以根据关联规则进行市场细分、客户群体划分、商品推荐等；另一方面，也可以通过关联规则发现异常行为和欺诈行为等。

关联规则挖掘技术可以广泛应用于各个领域，如零售业、金融业、医疗业、通信业等。在零售业中，通过分析购物篮中的商品组合，可以发现哪些商品经常一起被购买，从而优化商品布局和推荐策略；在金融业中，可以通过关联规则发现异常交易和欺诈行为；在医疗业中，可以通过关联规则挖掘疾病之间的关联，从而为疾病的预防和治疗提供帮助。

同时，关联规则挖掘还可以与其他数据分析方法结合使用，如聚类分析、分类分析等，以更全面地了解数据。总之，基于关联规则挖掘的数据分析技术是一种强大的工具，可以帮助我们从大量数据中发现有价值的信息，指导我们更好地进行决策。

2.1.2 空间分析方法

空间分析是时空大数据挖掘的重要方法之一，它利用地球信息系统的各种空间分析模型和空间操作对地球信息系统数据库中的数据进行深加工，从而产生新的信息和知识。常用的空间分析方法包括综合属性数据分析、拓扑分析、缓冲区分析、距离分析、叠置分析、地形分析、趋势面分析、预测分析等。这些空间分析方法可以发现目标在空间上的相连、相邻和共生等关联规则，或挖掘出目标之间的最短路径、最优路径等辅助决策知识。例如，利用缓冲区分析可以确定地理空间中某个要素的影响范围，为决策者提供参考；利用趋势面分析可以预测空间数据的未来变化趋势，为决策者提供预测性信息。

目前常用的空间分析方法包括探测性的数据分析、空间相邻关系挖掘算法、探测性空间分析方法、探测性归纳学习方法、图像分析方法等。

①探测性的数据分析：基于统计学原理，对数据进行描述性统计分析或探索性数据分析，以揭示数据中的变量之间的关系和趋势。在空间数据分析中，探测性的数据分析可以用来探索空间数据的分布特征和规律，例如计算各种空间统计指标，进行空间自相关分析等。

②空间相邻关系挖掘算法：基于图论原理，将空间目标看作图中的节点，而节点之间的连接表示它们之间的相邻关系。通过分析节点之间的连接关系，可以发现空间目标之间的相邻关系和共生关系。例如，可以通过分析城市道路网络中的节点和连接，发现城市中的交通枢纽和交通瓶颈。

③探测性空间分析方法：基于空间分析和机器学习原理，利用各种空间分析和机器学习算法对空间数据进行挖掘和分析。例如，可以利用回归分析、支持向量机（Support Vector Machine，SVM）、随机森林等算法对空间数据进行分类和预测，或者利用主成分分析、层次聚类等算法对空间数据进行降维和特征提取。

④探测性归纳学习方法：基于归纳学习原理，从已有的数据中归纳出新的知识和规律。在空间数据分析中，可以利用探测性归纳学习方法从空间数据中挖掘出新的知识和规律，例如，从卫星遥感图像中识别出土地利用类型、生态环境变化等。

⑤图像分析方法：基于图像处理和分析原理，通过处理和分析图像数据来提取有用的信息。在空间数据分析中，图像分析方法被广泛应用于遥感图像处理、城市景观分析等领域。例如，可以利用图像处理技术对遥感图像进行增强、滤波等处理，以提高图像质量，或者利用图像分割技术将图像中的不同区域分割开来，以便于后续的特征提取和目标识别等操作。

空间分析方法常作为数据预处理和特征提取方法与其他数据挖掘方法结合使用。在时空大数据挖掘中，空间分析方法的应用范围非常广泛，可以应用于城市规划、环境保护、交通管理、灾害预警等多个领域。例如，在城市规划中，可以利用空间分析方法对城市的人口分布、交通状况、环境质量等进行评估和预测，为城市规划提供科学依据；在环境保护中，可以利用空间分析方法对环境污染状况、生态保护状况等进行监测和评估，为环境保护提供信息支持。

2.1.3 统计分析方法

统计学是一门收集、组织数据并从这些数据集中得出结论的科学。数据集的一般特性的描述和组织是描述性统计学的主题领域，通过数据推出结论则是统计推理的主题。统计分析是为数据挖掘制定的最好的一套方法论[24]。从一元的到多元的数据分析，统计学为数据挖掘提供了大量的不同类型的回归和判别分析方法，以下简要概括支持数据挖掘过程中最常用的统计方法，包括统计推断、统计度量、贝叶斯定理、预测回归、方差分析、对数回归、对数 – 线性模型、线性判别分析等。

①统计推断是一种基于概率统计的方法，它通过对总体进行抽样，并根据样本数据来推断和预测总体的性质和特征。这种方法通常用于对数据集的分类或预测。统计推断理论包括一些能够对总体进行推断和归纳的方法，这些方法被归为两大类：估计和假设检验。估计是通过从总体中抽取的样本数据来推断总体的未知参数。估计的方法包括点估计和区间估计。点估计是使用单一的估计值来估计未知参数的值，而区间估计是使用一个置信区间来估计未知参数的值。假设检验是用来判断样本与样本、样本与总体的差异，是由抽样误差引起还是本质差别造成的统计推断方法。显著性检验是假设检验中最常用的一种方法，也是一种最基本的统计推断形式，其基本原理是先对总体的特征作出某种假设，然后通过抽样研究的统计推理，对此假设应该被拒绝还是接受作出推断。

②统计度量是数据挖掘中的一个重要概念，它是对数据分布特征的定量描述。统计度量包括集中趋势、离散程度和分布形状等方面。集中趋势是指一组数据向某个中心值靠拢的倾向，可以用均值、中位数和众数等指标来描述。离散程度是指数据分布中各变量值远离其中心值的程度，可以用极差、方差、标准差等指标来描述。除了集中趋势和离散程度外，统计度量还包括分布形状的描述。

③贝叶斯定理用于描述两个条件概率之间的关系。它描述了当已知某个事件 B 发生的条件下，另一个事件 A 的条件概率如何变化。贝叶斯定理可以表示为：$P(A|B)=P(B|A) \times P(A)/P(B)$。其中，$P(A|B)$ 是在事件 B 发生的条件下，事件 A 发生的条件概率；$P(B|A)$ 是在事件 A 发生的条件下，事件 B 发生的条件概率；$P(A)$ 是事件 A

的先验概率；$P(B)$ 是事件 B 的先验概率。贝叶斯定理在数据挖掘中有着广泛的应用。在分类问题中，贝叶斯定理可以用于建立分类器，通过对已知类别的样本数据进行训练，来预测新数据的类别。贝叶斯定理还可以用于聚类分析、时间序列分析和强化学习等领域。在聚类分析中，贝叶斯定理可以帮助理解和预测数据的分布和变化，从而进行更准确的聚类。在时间序列分析中，贝叶斯定理可以帮助预测时间序列数据的未来趋势和变化。在强化学习中，贝叶斯定理可以帮助建立更准确的模型，从而更好地指导强化学习的过程。

④预测回归是通过建立模型来预测未来趋势和结果的一种统计方法，其中线性回归是最常用的一种回归方法。线性回归试图建立一个线性模型来描述自变量和因变量之间的关系，并利用这个模型来预测未知的数据点。在统计建模时，为了选择最优的模型，通常会使用一些客观的方法，例如方差分析法。通过方差分析，可以确定哪个模型能够更好地拟合数据，并预测未来的趋势和结果。拟合一组数据的关系通常可以用一个预测模型（回归方程）来表示。一元线性回归是一种只有一个输入变量和一个输出变量的回归方法。多元回归是单个输入变量的线性回归的扩展，涉及多个预测变量。多元回归可以更全面地考虑影响因变量的因素，并提供更精确的预测结果。

⑤方差分析可以用于研究自变量和因变量之间的关系，并对回归模型的性能进行评估。通过将自变量的总方差细分成几个组成部分，方差分析可以更好地理解数据的变异性质。在回归分析中，通常会使用方差分析来估计回归曲线的性能，并评估自变量对最终回归的影响。通过方差分析，可以判断回归模型是否显著地解释了因变量的变化，以及自变量对因变量的影响是否显著。此外，方差分析还可以用于比较不同组之间的均值差异。通过将总方差细分成组间差异和组内差异，方差分析可以判断不同组之间的均值差异是否显著。

⑥对数回归是一种用于预测概率的统计方法，它将某些事件发生的概率建模为预测变量集的线性函数。对数回归通常仅在模型的输出变量定义为二元分类变量时应用。在这种情况下，对数回归提供了一种有效的方式来预测分类结果的可能性。对数回归在数据挖掘的应用中是一个简易而强大的分类工具。与其他分类方法相比，对数回归可以提供更直观的解释性结果，因为其输出是概率值。此外，对数回归模型通常比其他复杂的模型更容易建立和解释。在对数回归分析中，可以通过一组数据建立对数回归模型，并使用另一组数据来评估模型在预测分类值时的性能。这可以通过计算模型的精度、召回率等指标来完成。

⑦线性判别分析（Linear Discriminant Analysis，LDA）是一种用于解决因变量是类型（名义类型或顺序类型），自变量是数值的分类问题的方法。它的目标是构造一个判别函数，能够通过计算不同的输出类中的数据产生不同的分数。LDA 是一种有监督学习

算法，它基于贝叶斯决策理论，通过最大化不同类别之间的距离来构建判别函数。该算法假设数据符合多元正态分布，并且各类别的协方差矩阵相等。在 LDA 中，判别函数通常采用线性函数的形式，通过对自变量的加权求和来计算。LDA 具有许多优点，例如它能够处理不同类型的分类问题，包括二元分类和多元分类问题。此外，它能够处理自变量存在缺失值的情况，并且能够处理不同尺度的自变量。

2.1.4 聚类分析方法

聚类分析是一种无监督学习方法，其目的是将数据集中的样本按照某种相似性度量标准自动分成几个群组或类别。这个度量标准可以是欧几里得距离、余弦相似性、皮尔逊相关系数等。聚类分析的输出是数据集的几个组或类别，这些组或类别构成了一个分区或一个分区结构。每个群组或类别中的样本都具有较高的相似性，而不同群组或类别之间的样本则具有较低的相似性。聚类分析的结果对于更进一步深入分析数据集的特性是重要的。通过对每个群组或类别的综合描述，可以了解每个群组或类别的特征和属性，从而更好地理解数据集的整体结构和分布。此外，聚类分析还可以用于数据预处理、异常值检测、特征提取等任务中。它是一种广泛使用的统计学和机器学习方法，可以应用于许多领域，如图像处理、文本挖掘、空间矢量处理等。

目前在文献中存在大量的聚类算法。算法的选择取决于数据的类型、聚类的目的和应用。如果聚类分析被用作描述或探查的工具，可以对同样的数据尝试多种算法，以发现数据可能揭示的结果。

大体上，主要的聚类算法可以划分为如下几类：

①基于划分的方法（Partitioning Methods）：给定一个有 n 个对象或元组的数据库，一个划分方法构建数据的 k 个划分，每个划分表示一个聚类，并且 $k \leq n$。也就是说，它将数据划分为 k 个组，同时满足如下的要求：a. 每个组至少包含一个对象；b. 每个对象必须属于且只属于一个组。在某些模糊划分技术中第二个要求可以放宽。

为了达到全局最优，基于划分的聚类会要求穷举所有可能的划分。实际上，绝大多数应用采用了以下两个比较流行的启发式方法：a. $K-$ 均值聚类算法，在该算法中，每个簇用该簇中对象的平均值来表示；b. $K-medoids$ 算法，在该算法中，每个簇用接近聚类中心的一个对象来表示。这些启发式聚类方法对在中小规模的数据库中发现球状簇很适用。为了对大规模的数据集进行聚类，以及处理复杂形状的聚类，基于划分的方法需要进一步的扩展。

②层次的方法（Hierarchical Methods）：是对给定数据集合进行层次的分解。根据层次的分解如何形成，层次的方法可以被分为凝聚的或分裂的方法。凝聚的方法，也称为

自底向上的方法，一开始将每个对象作为单独的一个组，然后继续地合并相近的对象或组，直到所有的组合并为一个（层次的最上层），或者达到一个终止条件。分裂的方法，也称为自顶向下的方法，一开始将所有的对象置于一个簇中。在迭代的每一步中，一个簇被分裂为更小的簇，直到最终每个对象在单独的一个簇中，或者达到一个终止条件。

③基于密度的方法（Density-Based Methods，DBSCAN）：绝大多数划分方法基于对象之间的距离进行聚类。这样的方法只能发现球状的簇，而在发现任意形状的簇上遇到了困难。随之提出了基于密度的另一类聚类方法，其主要思想是：只要临近区域的密度（对象或数据点的数目）超过某个阈值，就继续聚类。也就是说，对给定类中的每个数据点，在一个给定范围的区域中必须包含至少某个数目的点。这样的方法可以用来过滤"噪音"数据，发现任意形状的簇。

DBSCAN 是一个有代表性的基于密度的方法，它根据一个密度阈值来控制簇的增长。OPTICS 是另一个基于密度的方法，它为自动的、交互的聚类分析计算一个聚类顺序。

④基于网格的方法（Grid-Based Methods）：是把对象空间量化为有限数目的单元，形成了一个网格结构。所有的聚类操作都在这个网格结构（即量化的空间）上进行。这种方法的主要优点是它的处理速度很快，其处理时间独立于数据对象的数目，只与量化空间中每一维的单元数目有关。

⑤基于模型的方法（Model-Based Methods）：是为每个簇假定了一个模型，寻找数据对给定模型的最佳匹配。一个基于模型的算法可能通过构建反映数据点空间分布的密度函数来定位聚类。它也基于标准的统计数字自动决定聚类的数目，考虑"噪音"数据和孤立点，从而产生健壮的聚类方法。

一些聚类算法集成了多种聚类方法的思想，所以有时将某个给定的算法划分为属于某类聚类方法是很困难的。此外，某些应用可能有特定的聚类标准，要求综合多个聚类技术。在选择聚类算法时，需要考虑数据的类型、聚类的目的和应用，并选择合适的算法进行聚类分析。

2.1.5 决策树和决策规则

决策树和决策规则是解决实际应用中分类问题的强大的数据挖掘方法。分类是学习函数的过程，将数据项映射到预定义的类中。分类的目标是构建一个分类模型，通常称为分类器。分类器可以根据有效的属性输入值预测实体的类。数据挖掘方法把讨论限制在规范化"可执行"的分类模型上。通过某些统计方法可以给出分类问题的建模类型，总结样本集的统计属性，如贝叶斯模型。另一种方法则是基于逻辑的。逻辑模型不用加法乘法这样的算术运算，而是通过对属性值运用布尔型和比较运算进行真或假的评价来表达。决策树和决策规则是典型的属于以逻辑模型的方式输出的分类方法的数据挖掘技术。

决策树是一种广泛使用的可解释性强的策略分析工具。它通过构建一个决策树模型，将输入—输出样本数据进行分类。决策树模型具有较高的可解释性，因为它的决策规则是基于树结构的路径，而不是基于参数化的模型。决策树表示法是一种应用广泛的逻辑方法，它通过一组输入—输出样本构建决策树。这个决策树是一个有指导学习的分层模型，通过带有检验函数的决策节点，在一些递归的分支处识别出局部区间。决策树中的每个节点代表一个属性测试，每个分支代表一个测试结果，每个叶节点代表一个类标签。这种决策树表示法可以清晰地描述数据项之间的关系，并对数据进行准确的分类。

常用的决策树方法包括 ID3、C4.5、C5.0、CART、CHAID 和 RandomForest。其中，ID3 算法使用信息增益来选择属性，C4.5 算法使用信息增益率来选择属性，CART 算法使用基尼指数来选择属性。此外，决策树方法还可以通过剪枝来避免过拟合，以及处理不完整属性和连续型数据。

决策规则是决策树中的基本单元，一条决策规则对应着树的一条从根到叶子的路径。通过构建决策树，可以生成一系列的决策规则，这些规则能够有效地处理数据，并给出具有解释性的结果。决策规则可以基于不同的方法生成，如通过降低决策规则的一致性来增加规则数量，或利用粗糙集的上下近似基本理论对决策规则进行扩充。此外，贝叶斯决策规则是一种常用的决策规则方法，它可以用于分类和回归问题。在实际应用中，可以用对数似然比等其他形式来表示决策规则，以方便计算。总之，决策规则是分类问题中的重要工具，它们可以基于不同的方法生成，并能够有效地处理数据并给出具有解释性的结果。

2.1.6 模糊集和模糊理论

经典数学倾向于追求精确和清晰地描述或用数值或绝对值来表达现象，具有一种精确性。但在现实世界中，由于各种原因，我们往往无法得到完全精确的值。模糊理论提供了一种有效的解决方案，搭建了连接高精确性和模糊事物高复杂性的桥梁。

模糊理论是 L. A. Zadeh 教授在 1965 年提出的。它是经典集合理论的扩展，专门处理自然界和人类社会中的模糊现象和问题。利用模糊理论，对实际问题进行模糊判断、模糊决策、模糊模式识别、模糊簇聚分析。系统的复杂性越高，精确能力就越低，模糊性就越强，这是 Zadeh 总结出的互克性原理。

模糊集是用来表达模糊性概念的集合。在模糊集合中，元素对集合的隶属度不再是精确的 0 或 1，而是处于 [0，1] 区间的一个数，这个数可以表达元素属于集合的程度。例如，对于"人"这个模糊集，一个人可能对"男性"这个子集的隶属度是 0.75，对"女性"这个子集的隶属度是 0.25，表达了这个人性别模糊的情况。

在模糊理论中，模糊集合的模糊理论的基本思想是把集合中的绝对隶属关系灵活化，元素 X 对于集合 A 的隶属度不再是 0 或者 1，而是属于 [0，1]。它把普通的集合论中非此即彼的确定性概念拓展为亦此亦彼的不确定性描述，并用数学语言对其进行表述。

隶属函数是描述元素与集合之间关系的关键工具。隶属函数的方法是确定一个模糊集的隶属度，即元素属于集合的程度。如何确定一个模糊集的隶属函数至今还是尚未解决的问题，这也是模糊理论在实际应用中需要解决的关键问题之一。

模糊集和模糊理论在数据挖掘中有许多应用。以下是一些常见的应用方法：

①模糊聚类：通过使用模糊理论，可以将数据集划分为不同的模糊聚类。每个聚类中的数据都有类似的特征，但不同聚类之间的数据则有明显的差异。模糊聚类可以更有效地处理边界模糊的数据集，使得聚类结果更加合理。

②模糊关联规则挖掘：关联规则挖掘是数据挖掘中的一个重要任务，可以发现数据集中的有趣关系。在关联规则挖掘中，模糊理论可以用来处理不确定性和模糊性，从而发现更复杂的关联规则。

③模糊决策树：是一种基于模糊集和模糊逻辑的决策规则提取方法。它从原始数据集出发，通过逐步细化数据来生成决策规则，使得决策过程更加清晰和易于理解。

④模糊神经网络：是一种结合了神经网络和模糊理论的模型，它利用模糊集和模糊逻辑来模拟人脑的思维过程。在数据挖掘中，模糊神经网络可以用于分类、回归等问题，具有较好的泛化能力和鲁棒性。

⑤模糊支持向量机：支持向量机是一种有效的分类方法，但在处理一些复杂和不确定的数据时，其性能可能会下降。通过结合模糊理论，可以构建模糊支持向量机，从而提高其分类性能和对不确定性的处理能力。

2.1.7 人工神经网络

人工神经网络是一种应用类似于大脑神经突触联接的结构进行信息处理的数学模型。它从信息处理角度对人脑神经元网络进行抽象，建立某种简单模型，按不同的连接方式组成不同的网络。每个节点代表一种特定的输出函数，称为激励函数（Activation Function）。每两个节点间的连接都代表一个对于通过该连接信号的加权值，称之为权重，这相当于人工神经网络的记忆。网络的输出则依网络的连接方式、权重值和激励函数的不同而不同。而网络自身通常都是对自然界某种算法或者函数的逼近，也可能是对一种逻辑策略的表达。

人工神经网络进行数据挖掘的基本方法包括构建神经网络模型、训练模型以及使用模型进行预测。构建神经网络模型需要确定网络的结构，包括输入层、隐藏层和输出层的节点数，以及各层之间的连接方式。训练模型需要选择合适的优化算法，例如梯度下降法、反向传播算法等，来调整神经网络的权重和偏置，以最小化损失函数，提高模型的准确性和泛化能力。使用模型进行预测时，将新的数据输入训练好的模型中，得到预测结果。

在人工神经网络中，常用的算法包括反向传播算法、梯度下降法、正则化算法等。反向传播算法是一种监督学习算法，通过计算输出层和期望输出之间的误差，将误差反向传播到隐藏层，调整神经网络的权重和偏值。梯度下降法是一种常用的优化算法，通过计算损失函数对神经网络参数的梯度，更新参数以减小损失函数的值。正则化算法是一种用于防止过拟合的技术，通过在损失函数中添加一个正则项来约束模型的复杂性，提高模型的泛化能力。

此外，在人工神经网络中还可以使用一些其他的算法和技术，例如批处理和随机梯度下降法、卷积神经网络、循环神经网络等。批处理和随机梯度下降法可以加速训练过程并提高模型的准确性。卷积神经网络是一种专门用于处理图像数据的神经网络，可以有效地提取图像的特征并进行分类。循环神经网络是一种可以处理序列数据的神经网络，可以用于语音识别、自然语言处理等领域。

在时空数据挖掘中，人工神经网络可以用于处理时空序列数据，如图像地物对象变化、气候变化等。通过构建时空数据模型，将时空序列数据输入神经网络中，可以发现数据中的模式和趋势，并预测未来的变化。

2.1.8 遗传算法

遗传算法是一种基于自然选择和遗传学原理的优化算法，模拟了生物进化的过程。遗传算法把参数空间或解空间的每一个点都编码成一个叫作染色体的二进位串，这些 n 维空间点的集合是遗传算法的一部分，并在优化过程中反复地生成。每个点或二进位串代表的是所求解问题的一个潜在解。通过编码问题的潜在解，形成一个种群，然后根据预定的目标函数对每个个体进行评估，给出适应度值。基于这个适应度值，个体被选择用于产生下一代，这一过程模拟了"适者生存"的原理。选择的个体经过交叉和变异操作后生成新的个体，这些新个体继承了上一代的一些优良性状，因此在性能上要优于上一代。这样，通过不断进化，遗传算法可以逐步逼近问题的最优解。

在数据挖掘中，遗传算法的优点包括鲁棒性强、适用范围广等。它能够处理多维、复杂的优化问题，并且在搜索过程中能够自动调整搜索方向，避免陷入局部最优解。此外，遗传算法还可以与其他技术结合使用，如神经网络、决策树等，以获得更好的挖掘效果。遗传算法进行数据挖掘的基本方法包括以下 6 个步骤：

①初始化：随机生成一个种群，种群中的每个个体表示一个可能的解。

②评估：对种群中的每个个体进行评估，计算其适应度。适应度表示个体对于某种优化目标的符合程度。

③选择：根据适应度选择个体进行繁殖。适应度较高的个体有更大的机会被选择。

④交叉：是将两个个体的部分基因交换，以产生新的个体。

⑤变异：是随机改变个体的一部分基因，以增加种群的多样性。

⑥终止条件：经过一定数量的迭代后，或者当找到满足条件的解时，终止算法并输出结果。

在时空数据挖掘中，遗传算法可以应用于以下方面：

①时空聚类分析：遗传算法可以优化聚类算法的参数和初始值，提高聚类分析的准确性和稳定性。例如，可以将时空数据表示为个体，并使用遗传算法对聚类中心进行优化，以获得更好的聚类效果。

②时序模式挖掘：遗传算法可以用于挖掘时序数据中的频繁模式和周期性模式。例如，在天气预测中，可以通过分析历史天气数据，发现气候变化的模式和规律，预测未来的天气趋势。

③时空分类问题：遗传算法可以优化分类算法的参数和权重，提高分类的准确性和泛化能力。例如，在位置服务中，可以通过分析用户的位置数据和行为数据，使用遗传算法优化分类模型的参数，提高位置推荐的准确性和用户满意度。

2.1.9 时间序列方法

时间序列方法是一种统计方法，用于分析具有时间顺序的数据。它被广泛应用于各个领域，如金融市场分析、气象预报、医学诊断、环境监测等。时间序列方法的核心思想是，通过分析时间序列数据的变化趋势和周期性来预测未来的走势。并发现隐藏在数据中的规律和模式。时间序列方法在数据挖掘中的应用主要包括以下 5 个方面：

①预测和预报：时间序列方法被广泛应用于预测和预报领域，如天气预报、股票价格预测、销售预测等。通过分析历史数据，可以建立时间序列模型，并使用模型预测未来的走势。

②异常检测：时间序列方法可以用于异常检测，如金融欺诈检测、设备故障检测等。通过分析时间序列数据的正常模式和异常模式，可以检测出异常数据，并及时采取措施。

③趋势分析：时间序列方法可以用于趋势分析，如市场占有率分析、人口变化趋势分析等。通过分析时间序列数据的趋势，可以了解数据的长期变化趋势，为决策提供支持。

④分类和聚类：时间序列方法可以用于分类和聚类任务，如语音识别、手势识别等。通过分析时间序列数据的特征，可以将数据分为不同的类别或聚类，并进行识别和分类。

⑤序列模式发现：时间序列方法可以用于序列模式发现任务，发现数据中有趣的模式和关联规则。例如，可以通过分析时间序列数据中的序列模式，发现数据中的周期性变化模式或关联规则。

2.1.10　地理智能计算方法

地理智能计算方法是一种利用地理学、统计学和计算机科学等学科的理论和方法，对地理空间数据进行处理和分析的算法。它可以帮助人们更好地理解和解释地理现象和过程，为地理研究和决策提供支持。地理智能计算方法包括许多不同的算法和工具，如空间自相关分析、地统计分析、时空分析、地理信息空间分析、机器学习、数据挖掘等。这些算法和工具可以帮助人们从多角度、多层次对地理空间数据进行处理和分析，以揭示其内在的规律和机制。

数据挖掘中的地理智能计算方法主要包括以下 5 种：

①地理空间统计方法：利用空间中邻近的要素通常比相距较远的要素具有较高的相似性的原理，对地理空间数据进行统计和分析。

②地理空间聚类方法：根据某种距离度量准则，将大型、多维数据集中的区域标识出聚类或稠密分布的区域，从而发现数据集的整体空间分布模式。

③地理空间关联分析：利用空间关联规则提取算法发现空间数据库中空间目标间的关联程度，从而进行空间数据关联分析的知识发现研究。

④地理空间分类与预测分析：根据已知的分类模型将数据库中的数据映射到给定类别中，进行数据趋势预测分析的方法。

⑤异常值分析：将数据库中与通常的行为或数据模型不一致的数据提取出来进行分析的方法。

由上述可知，通过地理空间统计方法和聚类方法，可以发现地理空间数据的分布特征和规律；通过关联分析，可以发现空间目标间的关联规则和影响因素；通过分类与预测分析，可以对地理现象进行预测和评估；通过异常值分析，可以发现异常事件和现象，为决策提供支持。

2.1.11 其他方法

除了上述空间挖掘方法外，还有许多空间挖掘的方法。下列简述几个其他挖掘方法，可以根据使用场景选择应用。

①空间特征和趋势探测方法是一种基于邻域图和邻域路径概念的空间数据挖掘算法，它通过不同类型属性或对象出现的相对频率的差异来提取空间规则。

②基于云理论的方法。云理论是一种分析不确定信息的新理论，由云模型、不确定性推理和云变换3部分构成。基于云理论的空间数据挖掘方法把定性分析和定量计算结合起来，处理空间对象中融随机性和模糊性为一体的不确定性属性；可用于空间关联规则的挖掘、空间数据库的不确定性查询等。

③基于证据理论的方法。证据理论是一种通过可信度函数（度量已有证据对假设支持的最低程度）和可能函数（衡量根据已有证据不能否定假设的最高程度）来处理不确定性信息的理论，可用于具有不确定属性的空间数据挖掘。

④计算几何方法。这是一种利用计算机程序来计算平面点集的Voronoi图，进而发现空间知识的方法。利用Voronoi图可以解决空间拓扑关系、数据的多尺度表达、自动综合、空间聚类、空间目标的势力范围、公共设施的选址、确定最短路径等问题。

⑤空间在线数据挖掘。这是一种基于网络的验证型空间来进行数据挖掘和分析的工具。它以多维视图为基础，强调执行效率和对用户命令的及时响应，一般以空间数据仓库为直接数据源。这种方法通过数据分析与报表模块的查询和分析工具［如Online Analytical Processing（OLAP）、决策分析、数据挖掘等］完成对信息和知识的提取，以满足决策的需要。

2.2 时空大数据挖掘方法的选择

2.2.1 方法的选择

时空大数据的挖掘方法可以根据不同的需求进行选择，不同的挖掘方法适用于不同的应用场景。

根据挖掘任务的不同，时空大数据的挖掘方法选择如下：

①分类或预测模型发现：这类任务是通过建立分类模型或预测模型，对数据进行分类或预测。分类模型是将数据分为不同的类别，而预测模型则是根据历史数据预测未来的趋势或结果。决策树、随机森林、支持向量机和逻辑回归等算法是这类任务的常用工具。

②数据总结：这类任务是对数据进行汇总和概括，以得到数据的整体特征和趋势。数据总结可以帮助人们更好地理解数据，并为后续的数据分析提供基础。这种方法常用聚类和降维技术，如 $K-$ 均值聚类、层次聚类和主成分分析。

③聚类：这类任务是将相似的数据归为一类，不同的数据归为不同的类。聚类可以帮助人们发现数据中的模式和规律，并用于信息细分、空间特征分群等应用场景。$K-$ 均值聚类、DBSCAN、层次聚类等是常用的聚类算法。

④关联规则发现：这类任务是发现数据之间的关联规则，即哪些数据之间存在相关性。关联规则发现可以帮助人们发现数据中的有趣关系，如油性树种与森林防火设备部署之间的关系等。Apriori、FP-Growth 等是常用的关联规则挖掘算法。

⑤序列模式发现：这类任务是发现序列数据中的模式和规律。序列模式发现可以帮助人们发现时间序列数据中的周期性变化模式、趋势等。这种类型通常使用如 ARIMA、神经网络等时间序列分析模型。

⑥依赖关系或依赖模型发现：这类任务是发现数据之间的依赖关系或依赖模型。依赖关系可以是因果关系、时序关系等，依赖模型可以是回归模型、时间序列模型等。这种类型通常使用图模型、结构方程模型（SEM）等来建模。

⑦异常和趋势发现：这类任务是发现数据中的异常值和趋势变化。异常值是指与正常数据明显不符的数据，趋势变化是指数据随时间的变化趋势。异常和趋势发现可以帮助人们及时发现异常情况，如疾病暴发等，并采取相应的措施。这种类型通常使用统计分析、机器学习算法（如决策树、随机森林、支持向量机等）以及时间序列分析来进行异常检测和趋势预测。

根据挖掘对象的不同，时空大数据的挖掘方法选择如下：

①关系数据库：传统的数据存储方式，以表格的形式存储数据，并使用关系代数等查询语言进行数据查询和处理。关系数据库广泛应用于企业、政府等组织，用于存储和管理大量的结构化数据。适用的数据挖掘方法包括关联规则挖掘、分类挖掘、聚类挖掘等。例如，使用 Apriori 算法进行关联规则挖掘，使用决策树或随机森林进行分类挖掘，使用 $K-$ 均值聚类进行聚类挖掘。

②面向对象数据库：一种基于面向对象思想的数据存储和管理方式，将现实世界中的对象抽象成数据库中的对象，并使用面向对象的查询语言进行数据查询和处理。面向对象数据库适用于处理复杂的数据结构、大量的半结构化数据和流数据等。适用的数据挖掘方法包括关联规则挖掘、分类挖掘等。例如，使用遗传算法进行关联规则挖掘，使

用支持向量机进行分类挖掘。

③空间数据库：用于存储和管理空间数据的数据存储和管理方式，包括地图、卫星导航数据、地理信息系统等。空间数据库适用于处理地理空间数据、三维数据等。适用的数据挖掘方法包括聚类挖掘、关联规则挖掘等。例如，使用 DBSCAN 算法进行聚类挖掘。

④时态数据库：用于存储和管理时间序列数据的数据存储和管理方式，时间序列数据是按时间顺序排列的数据。时态数据库适用于处理时间序列数据等。适用的数据挖掘方法包括趋势预测、周期性分析等。例如，使用 ARIMA 模型进行趋势预测，使用傅里叶变换进行周期性分析。

⑤文本数据源：用于从文本中提取信息的数据源，包括新闻报道、社交媒体、文本文件等。文本数据源适用于处理大量的文本数据，如情感分析、主题分类等。适用的数据挖掘方法包括文本分类、文本聚类、情感分析等。例如，使用朴素贝叶斯分类器进行文本分类，使用 $K-$ 均值聚类进行文本聚类，使用词典分析进行情感分析。

⑥多媒体数据库：用于存储和管理音频、视频、图像等多媒体数据的数据存储和管理方式。多媒体数据库适用于处理多媒体数据、数字图书馆等。适用的数据挖掘方法包括特征提取、内容检索等。例如，使用傅里叶变换进行特征提取，使用隐含语义索引进行内容检索。

⑦异质数据库：用于存储和管理来自不同源头的异构数据的数据存储和管理方式，包括结构化数据、半结构化数据和非结构化数据等。异质数据库适用于处理大规模的异构数据集。适用的数据挖掘方法包括关联规则挖掘、分类挖掘等。例如，使用 Apriori 算法进行关联规则挖掘，使用支持向量机进行分类挖掘。

⑧遗产数据库：用于保护和管理历史数据的数据库，包括历史档案、文化遗产等。遗产数据库适用于保护和管理历史文化遗产、提供历史事件研究等。适用的数据挖掘方法包括关联规则挖掘、时间序列分析等。例如，使用 Apriori 算法进行关联规则挖掘，使用 ARIMA 模型进行时间序列分析。

⑨环球网 Web：指互联网上的网页和相关数据，通过爬虫等技术获取网页上的数据，并进行数据清洗、文本处理等操作，以供后续的数据分析和挖掘使用。环球网 Web 适用于处理大量的网络数据和信息。适用的数据挖掘方法包括网页爬取、文本挖掘等。例如，使用网络爬虫进行网页爬取，使用 TF-IDF 算法进行文本挖掘。

此外，根据数据维度的不同、挖掘复杂度的不同、数据来源的不同以及数据质量的不同，数据挖掘方法可以有不同的选择。

①根据数据维度的不同，可以分为一维数据挖掘和多维数据挖掘。一维数据挖掘是指针对单个变量或单次测量的数据进行挖掘，而多维数据挖掘则是针对多个变量或多次

测量的数据进行挖掘。多维数据可以提供更丰富的信息，因此多维数据挖掘在许多领域中具有广泛的应用价值。适用的数据挖掘方法包括聚类分析、时间序列分析、关联规则挖掘等。

②根据挖掘复杂度的不同，可以分为简单数据挖掘和复杂数据挖掘。简单数据挖掘是指针对简单的数据结构和数据类型进行挖掘，而复杂数据挖掘则是针对复杂的数据结构和数据类型进行挖掘，如文本数据、图像数据、视频数据等。简单数据挖掘通常采用基本的统计分析和机器学习算法，如线性回归、决策树等，适用于较简单的数据结构和问题。复杂数据挖掘则需要采用更高级的算法和技术，如深度学习、自然语言处理等，适用于处理复杂的数据结构和问题。适用的数据挖掘方法包括深度学习、强化学习等。

③根据数据来源的不同，可以分为内部数据挖掘和外部数据挖掘。内部数据是指来自组织内部的数据，如企业数据库、政府数据库等，而外部数据则是指来自组织外部的数据，如互联网数据、社交媒体数据等。外部数据挖掘可以提供更多的信息和洞察力，但也需要更复杂的数据获取和处理技术。适用的数据挖掘方法包括网络爬虫、数据集成、元数据管理等。

④根据数据质量的不同，可以分为低质量数据挖掘和高质量数据挖掘。低质量数据是指存在缺失、错误、异常等问题的数据，而高质量数据则是指完整、准确、可靠的数据。低质量数据可能需要进行预处理或采用特定的算法进行处理。高质量数据挖掘则是指对相对干净、规范化的数据进行挖掘，可以采用较简单的算法进行处理。适用的数据挖掘方法包括异常检测、插补、聚类分析等。

根据数据的不同分类标准，数据挖掘方法可以有不同的选择。在选择数据挖掘方法时，需要根据实际情况进行选择和调整，以更好地满足应用需求。

2.2.2 方法的比较

数据挖掘结合了数据库技术、机器学习、统计学、人工智能、可视化分析、模式识别等多个领域的知识，所涵盖的数据挖掘方法也并不能够一一列举。且不同的方法具有不同的特点和适用范围，因此选择合适的方法可以提高数据挖掘的效率和准确性。

从应用场景和需求来看，不同的数据挖掘方法适用于不同的应用场景和需求，需要根据具体的情况进行选择。例如，对于分类问题，可以使用决策树、神经网络、Logistic 回归等方法；对于聚类问题，可以使用 K- 均值聚类、Apriori 等方法；对于搜索排序问题，可以使用 PageRank 等方法。

从算法原理和特点来看，不同的数据挖掘方法具有不同的算法原理和特点，例如，决策树是一种基于树结构的算法，可以直观地展示分类过程；神经网络是一种基于人工神经元的算法，可以处理非线性关系；Logistic 回归是一种广义线性模型，可以用于二分类问题等。

从变量个数和对质量的要求来看，不同的数据挖掘方法对变量个数和质量的要求也不同。例如，决策树和神经网络通常需要较多的变量来进行训练，而 Logistic 回归则对变量个数和质量的要求相对较低。

从模型诊断指标和措施来看，不同的数据挖掘方法有不同的模型诊断指标和措施。例如，决策树缺乏成熟的模型评判方案，而神经网络和 Logistic 回归则有较为完善的模型评判指标和方法。

从运行效率和资源消耗来看，不同的数据挖掘方法具有不同的运行效率和资源消耗，例如，神经网络和支持向量机等算法可能需要较长的运行时间和较大的计算资源。因此，在选择方法时需要考虑算法的运行效率和资源消耗。

从结果的可解释性和可维护性来看，对于一些关键应用领域，如医疗、金融等，需要考虑算法的可解释性和可维护性。这些领域需要能够解释模型的结果并确保模型的稳定性和可靠性。

对数据挖掘方法的比较需要综合考虑应用场景、算法原理和特点、变量个数和质量的要求、模型诊断指标和措施、运行效率和资源消耗以及可解释性和可维护性等多个方面。通过比较不同的方法，可以更好地理解它们的优点和缺点，并选择最适合自己应用场景的算法。

相比于一般数据挖掘，时空大数据挖掘方法的选择更加注重对时空数据的处理和分析，旨在从时空数据中提取有用的信息和知识，以满足不同应用场景的需求。在选择挖掘方法时，需要综合考虑时空数据的特性，如时间序列性、空间位置性、数据量大、维度高等，以及应用场景的特定需求。常用的时空大数据挖掘方法包括聚类分析、分类、预测、可视化分析等，但时空大数据挖掘还涉及一些特殊的挖掘方法，如基于时间序列的异常检测、多尺度空间分析、移动模式挖掘等。这些方法可以结合多种技术进行时空大数据的挖掘和分析，同时随着技术的不断发展和应用需求的不断变化，新的时空大数据挖掘方法也将不断出现和发展。同时，时空大数据挖掘面临着一些挑战，如数据质量和精度问题、计算能力和资源限制以及可解释性和可维护性等。因此，在选择时空大数据挖掘方法时，需要综合考虑数据的特性和应用场景的需求，选择适合的挖掘方法，并采用多种技术进行时空大数据的挖掘和分析，以提高决策的准确性和效率。

第 3 章

时空大数据挖掘框架

自 1994 年数据挖掘概念问世以来，经过 SMARTBI、IBM、Tom Khabaza 等一些商业软件公司以及研究学者的不断尝试和总结，逐渐形成了一系列经典成熟的数据挖掘框架，为数据挖掘技术的发展和应用奠定了坚实的基础。这些数据挖掘框架来源于数据挖掘业务实践，可有效服务于各类数据挖掘应用。在通用数据挖掘框架的基础上，根据空间数据的独有特征，经过李德仁、王家耀等学者的不懈探索和推动，细化形成了空间数据挖掘框架，规范了空间数据挖掘流程，为各类空间数据挖掘提供了指引。随着林业信息化的成果不断累积，智慧林业步伐的快速推进，主动寻求变化、积极探索深层知识信息，以求获得更精准的决策服务，发挥林业的多功能和多重价值的愿景愈加强烈。在林业时空大数据挖掘的具体实践中，首先要明确这项工作的基本目标，其次是需要一套结合林业时空数据基本特征和主要应用需求的挖掘框架为工作指南，为林业时空大数据挖掘模式、技术体系、应用体系及具体的挖掘任务奠定坚实基础。

本章主要介绍了目前当前国际主流的几种数据挖掘建模框架，并对这些框架模型的主要内容、优缺点以及适用性进行了简要分析。在此基础上，介绍了空间数据挖掘的体系结构和基于数据仓库的空间数据挖掘模型。基于这些框架模型，针对当前林业信息化工作的背景、战略需求，林业时空数据挖掘的意义、存在的问题和目标等内容，提出了一个符合林业特点的大数据挖掘框架，并详细阐述了框架内容。

3.1　数据挖掘框架

3.1.1　CRISP-DM 模型

CRISP-DM（跨行业的数据挖掘标准流程，Cross-Industry Standard Process for Data Mining）是一种被广泛应用的跨行业数据挖掘框架，旨在为数据挖掘提供规范化的生命周期管理。

按照 CRISP-DM 模型，通常将数据挖掘的整个过程划分为 6 个阶段（图 3-1）：业务理解（Business Understanding）、数据理解（Data Understanding）、数据准备（Data Preparation）、模

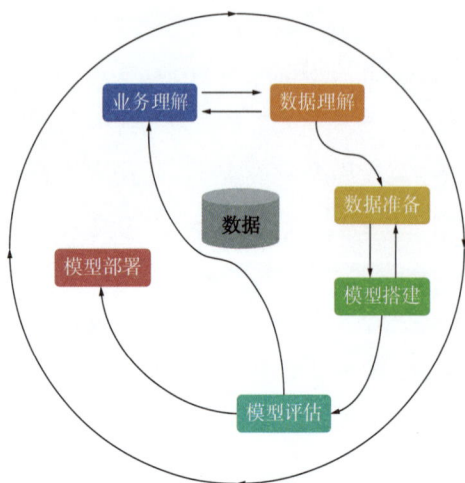

图 3-1　CRISP-DM 模型的 6 个阶段

型搭建（Modeling）、模型评估（Evaluation）、模型部署（Deployment）。每个阶段都具有明确的角色和任务。

1. 业务理解

这个阶段的主要目标是理解项目背后的业务需求和目标，包括客户、市场、行业以及项目期望的产出。需要从高层视角理解业务问题，确定项目的范围和目标，并制定项目计划。

2. 数据理解

收集数据是数据挖掘项目的基础。这个阶段主要是对数据进行初步探索和分析，包括收集、清洗、转换和组织数据。需要了解数据的来源、类型、质量和可用性，并生成数据字典和数据模型。

3. 数据准备

数据准备阶段将对原始数据进行深度的处理和准备，以满足后续建模和分析的需求。这个阶段包括数据的筛选、完善、转换和标准化，以及创建数据集和数据仓库等。

4. 模型搭建

模型搭建是数据挖掘项目的核心，它涉及各种数据挖掘和机器学习技术的应用。根据业务问题和数据特征选择合适的算法和模型进行训练和优化，并生成预测模型。

5. 模型评估

这个阶段是对生成模型的性能和质量进行评估和验证的阶段。它包括对模型的准确性、可靠性、稳定性和可解释性进行评估，以及通过精益业务数据分析来验证模型的有效性和实用性。

6. 模型部署

这个阶段主要是将生成的模型应用到实际业务场景中，并监控模型的性能和效果。需要将模型集成到业务系统中，并生成用户界面和文档，以方便用户使用和理解模型的功能和应用。

在 CRISP-DM 模型论中，每个阶段都是相互衔接的，并且每个阶段都需要进行迭代和优化。这种分阶段的流程管理可以帮助项目团队更好地控制项目的进度和风险，确保项目的成功实施和交付。同时，CRISP-DM 模型论也强调了跨职能团队合作的重要性。在项目实施过程中，需要业务专家、数据分析师、开发人员、项目经理等不同角色的专业人员紧密协作，共同解决业务问题和优化数据挖掘结果。

总的来说，CRISP-DM 模型为数据挖掘项目提供了一种规范化、结构化的生命周期管理方式，它可以帮助项目团队更好地理解业务需求、处理数据、建立模型、评估模型性能以及将模型应用到实际业务场景中。通过这种方式，用户可以更好地利用数据挖掘技术来提升业务效率和创新能力，实现数字化转型和智能化发展。

3.1.2 ▶ SEMMA 模型

SEMMA 是抽样（Sample）、探索（Explore）、修订（Modify）、建模（Model）、评估（Assess）的英文首字母缩写，它是由 SAS 研究院开发的一款非常著名的数据挖掘框架。SEMMA 模型的基本思想是从样本数据开始，通过统计分析与可视化技术，发现并转换最有价值的预测变量，根据变量进行构建模型，并检验模型的可用性和准确性（图 3-2）。

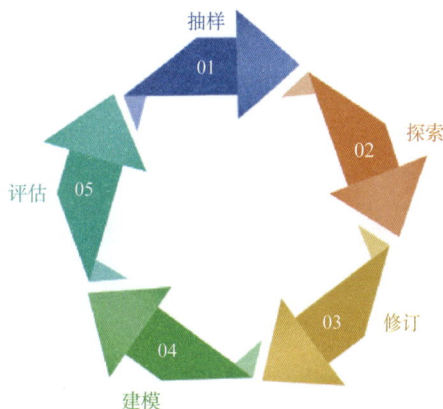

图 3-2　SEMMA 模型的 5 个阶段

1. 抽样（Sample）

当研究的数据量非常庞大时，对具有代表性的样本数据进行挖掘建模能节省系统资源，大大降低处理成本，缩短发现新知识的时间。采取数据抽样的内在逻辑是：如果大型数据中存在某种规律，那么在具有代表性的数据样本中也应当存在同样的规律。通过数据样本的精选，可以减少数据处理量，节省系统资源。

在进行数据抽样时应特别注重把好数据质量关。数据分析师应采取合理的抽样方式，保证数据的效度和信度。所谓效度是指数据的准确性，也指选择的数据要与分析目标、业务目标相吻合；信度则是指数据的稳定性，要保证样本数据有代表性，且在一定周期内不能有过大的波动，否则会影响模型的稳定性。

2. 探索（Explore）

在此阶段需要对抽样得到的数据集进行探索性分析。数据分析师还需使用可视化方法或主成分分析、因子分析等统计分析方法，形成对数据的初步理解，寻求进一步分析的思路。

3. 修订（Modify）

通过上述两个步骤的操作后，数据分析师需要进一步明确要解决的问题，并在此基础上按照问题的具体要求来重新审视数据集，看它是否适应问题的需要，然后再进行相应的调整。修订的实质是对数据进行清洗以提升数据质量。针对问题的需要可能要对数据进行增删，剔除偏差值或减少变量数，也可能要组合或生成一些新的变量，还有可能需要进行数据类型的转换。总之，通过增删、转化、量化等方式进行数据修订后，数据的结构和内容将更符合下一步构建模型的需要，更加容易地反映事务的内在规律和联系，使得模型的建立更加容易、有效，以及模型的调整和维护更加便捷。数据挖掘与分析是一个动态循环的过程，数据分析师应注重根据新的信息及时调整数据内容或挖掘方法。

4. 建模（Model）

建模是数据挖掘工作的关键环节。数据分析师需要根据对业务问题的解读与判断，选择合适的算法来建立模型。每种算法或模型都有自身的优势，适合特定的数据挖掘案例和不同种类的数据。如人工神经网络适合处理高度复杂的非线性关系，而粗糙集分析则更加适合解决不确定、不精确的问题。具体实践中，有时候需要数据分析师多尝试几种算法，经过比较选出最合适的。

5. 评估（Assess）

对建模结果的实用性和可靠性进行评估，从技术角度评价模型的准确性、稳定性，从业务角度评价模型是否符合业务预期、是否达到了业务目标。常用的评估方式是将模型结果应用于数据集里未作为样本也不适用于建模的部分数据，如果模型有效，那么它对于这部分数据的效果应当与样本数据效果相同，也可以将模型应用于已知数据进行测试。与此同时，还可以将模型付诸实际应用，通过实际活动来检验模型的效果。

3.1.3 Tom Khabaza 挖掘 9 律

Tom Khabaza 是 20 世纪 90 年代著名的数据挖掘工具平台 Clementine 的早期核心开发者之一，其总结的挖掘 9 律在数据挖掘界产生了广泛的反响和认同，成为数据挖掘常用框架之一。

1. 业务目标律

业务目标是所有数据挖掘解决方案的本源。数据挖掘不是为了挖掘而挖掘，所有的数据挖掘都必须应用于特定的业务，离开了业务目标和业务应用，就没有数据挖掘的价值。

2. 业务知识律

业务知识是数据挖掘每一步的核心。数据挖掘的本质就是将业务知识、经验和洞察力与数据挖掘方法相结合，从数据中发现有价值的东西。

3. 数据准备律

数据准备能让数据挖掘流程事半功倍。数据准备在整个挖掘过程中所占用的时间常会超过一半，它包括对数据的熟悉、清理、重组、转换等一系列过程，其目的主要是让数据变动更干净，更能真实体现业务背景，更加容易被模型发现其隐含的有价值的商业信息和商业规律。

4. 天下没有免费的午餐

天下没有免费的午餐，只有通过实际验证才能发现给定应用的正确模型。一个模型无论搭建过程如何完美，如果没有在实际数据中经过验证，就没有任何价值和意义。

5. 沃特金斯定律

只要有数据，一定是可以从中发现有价值的信息的。

6. 数据挖掘将业务领域的感知放大

得益于数据挖掘的技术和流程，使得数据中隐藏的知识和有价值的信息能被发现。

7. 预测定律

预测将信息从局部扩展到整体。数据挖掘是可以透过已知的信息去发现未知的信息。

8. 价值定律

数据挖掘结果的价值并不取决于模型的精度和稳定性。模型的价值只能由其所满足的业务需求和商业应用价值来决定，而不是由模型本身的精度和稳定性决定；再精确的模型，再稳定的模型，如果不能解决业务问题，如果不能带来业务的商业应用价值，就是没有价值的。

9. 变化定律

所有的模型都会受到变化。任何模型或分析结论都是有时间限制的，今天还非常有价值的模型，明天可能就过时了，因此数据挖掘者需要对市场趋势保持敏感，及时调整、维护和优化模型。

3.1.4 DMAIC 模型

DMAIC 模型是六西格玛管理中的重要工具，也是一套结构化的流程改进方法。DMAIC 是指定义（Define）、测量（Measure）、分析（Analyze）、改进（Improve）、控制（Control）5 个阶段构成的过程改进方法，一般用于对现有流程的改进（图 3-3）。

1. 定义阶段

明确问题或流程的目标。这一阶段需要明确当下问题，确定流程的指标和范围，在此基础上得出明确的目标。

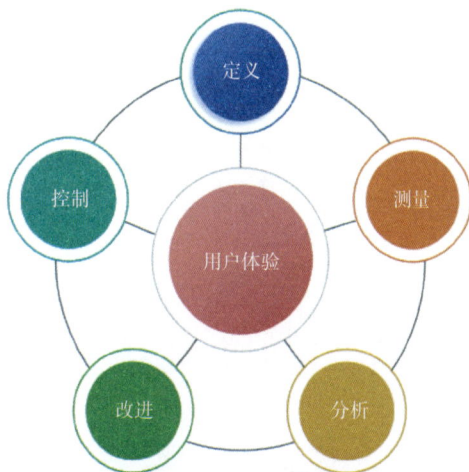

图 3-3　DMAIC 模型的 5 个阶段

2. 测量阶段

确定数据收集的方法和流程。这一阶段需要明确数据来源、采集的指标，以及如何测量、记录和统计数据。

3. 分析阶段

分析数据并找出问题的根本原因。这是针对数据的深度分析，需要明确导致问题的关键原因，以及如何解决这些原因。

4. 改进阶段

通过实验来改善流程和解决问题。这一阶段需要通过试验的方式来解决问题，收集反馈结果，持续优化、改进流程。

5. 控制阶段

制定控制措施，确保问题不再出现。这一阶段需要建立长期执行控制计划，确保问题不会再次发生。

DMAIC 模型是一个持续改进的过程，迭代完成整个过程之后需要从定义阶段开始重新考虑问题并继续向前推进，不断提升效率、质量以及流程的改进。

3.1.5　AOSP-SM 模型

AOSP-SM（Application Oriented Standard Process for Smart Mining，应用为导向的敏捷挖掘标准流程）是 SMARTBI 公司基于 CRISP-DM 和 SAS 的 SEMMA（数据挖掘方法）两种方法论总结而来的一种面向应用的用于指导数据挖掘工作的方法。

AOSP-SM 模型旨在从数据中提取有价值的信息和知识，以支持决策制定和业务优化。它采用敏捷的数据挖掘方法，以适应不断变化的数据环境和业务需求。该模型将数据挖掘过程分为 5 个阶段，包括数据准备、数据探索、模型构建、模型评估和模型部署等（图 3-4）。

1. 数据准备阶段

AOSP-SM 模型强调数据的质量和完整性，要求对数据进行清洗、预处理和转换等操作，以消除异常值和缺失值，提高数据质量。

2. 数据探索阶段

AOSP-SM 模型使用可视化工具和统计学方法来探索数据的分布和关系，以发现潜在的模式和规律。

图 3-4　AOSP-SM 模型的 5 个阶段

3.模型构建阶段

AOSP-SM 模型采用多种机器学习和数据挖掘算法来构建模型，包括决策树、神经网络、聚类分析等。这些算法可以帮助发现数据中的模式和关系，并预测未来的趋势。

4.模型评估阶段

AOSP-SM 模型使用多种评估指标来评估模型的性能和准确性，包括准确率、召回率、F1 分数等。

5.模型部署阶段

AOSP-SM 模型将模型部署到生产环境中，以支持决策制定和业务优化。该模型还提供了一系列工具和接口，以方便用户对模型进行管理和维护。

总之，AOSP-SM 模型是一种面向应用的用于指导数据挖掘工作的方法，它采用敏捷的数据挖掘方法，以适应不断变化的数据环境和业务需求。该模型提供了一系列工具和接口，以方便用户对数据进行处理和分析，并从数据中提取有价值的信息和知识，以支持决策制定和业务优化。

3.2　空间数据挖掘框架

3.2.1　空间数据挖掘体系结构

空间数据挖掘体系结构可分为三大层次（图 3-5）。

第一层是数据层。数据层包括由各类空间数据组成的空间数据库、知识库、空间数据库管理系统和知识库管理系统。空间数据的类型较多，主要有位置数据、属性数据、图形数据、网络数据、文本数据、多媒体数据等。空间数据需要经过治理后才能录入到空间数据库中，供挖掘分析使用。未经治理的数据，可能存在质量瑕疵，会造成挖掘分析结果出错。空间数据挖掘的知识分为普遍知识、分布规律、关联规律、聚类规则、特征规则、区分规则、演变规则和偏差等知识[25]。数据层的作用是提炼、获取用户需要的数据。

第二层是挖掘分析层。利用空间数据挖掘系统提取所需的数据，根据挖掘分析需求、数据类型和规模，结合已有知识库，选择合适的数据挖掘分析方法，经过分析处理后发现新的知识，并对发现的知识进行验证和评价，只有验证和评价通过的知识才是有用的知识。此过程可能需要反复调整抽取的数据、选取的模型算法和参数，才能获得所需的新知识。

第三层为应用层。使用多种方法（如可视化工具）将获取的信息和发现的新知识生动直观地展示给用户，用户经过分析和评价后，将需要的知识和信息提供给决策支持系统，支撑决策应用，同步将新知识入库到知识库中。

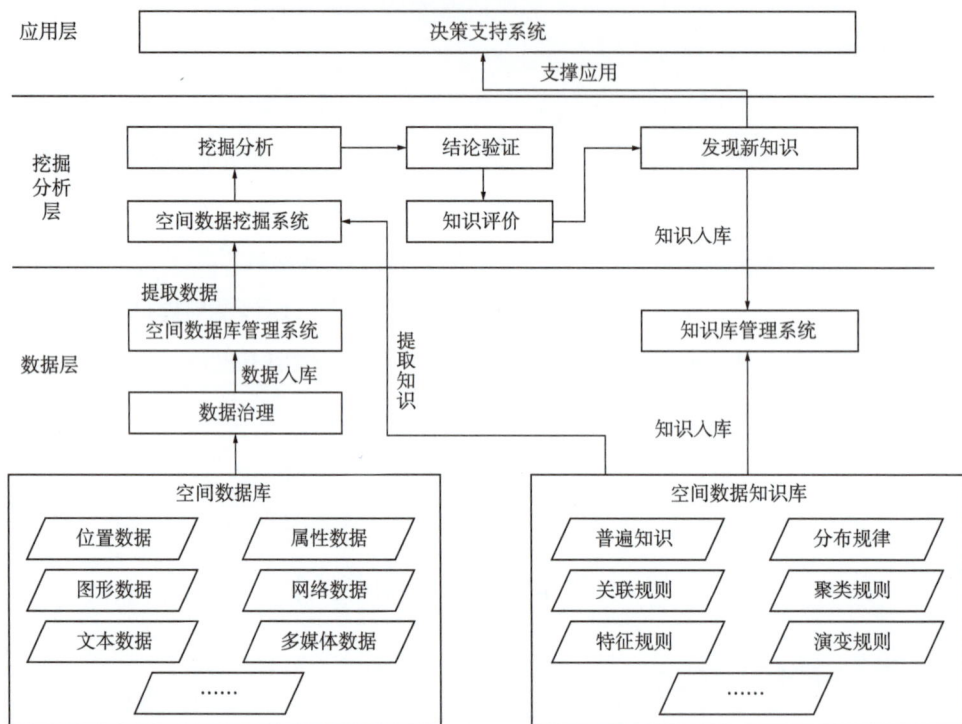

图 3-5　空间数据挖掘体系结构

3.2.2　基于数据仓库的空间数据挖掘模型

数据仓库是在原有关系型数据库的基础上发展形成的，但不同于数据库系统的组织结构形式，它从原有的业务数据库中获得的基本数据和综合数据被分成一些不同的层次。一般数据仓库的结构组成如图 3-6 所示，包括当前高度综合数据层、当前基本数据层、历史基本数据层、轻度综合数据层、元数据。

数据仓库的整体结构是由元数据来组织的，它不包含任何业务数据库中的实际数据信息。当前基本数据层是最近时期的业务数据，数据量大，是数据仓库用户最感兴趣的部分。当前基本数据随时间的推移，由数据仓库的时间控制机制转为历史基本数据。轻度综合数据是从当前基本数据中提取出来的。最高一层是高度综合数据层，这层的数据十分精练，是一种准决策数据。

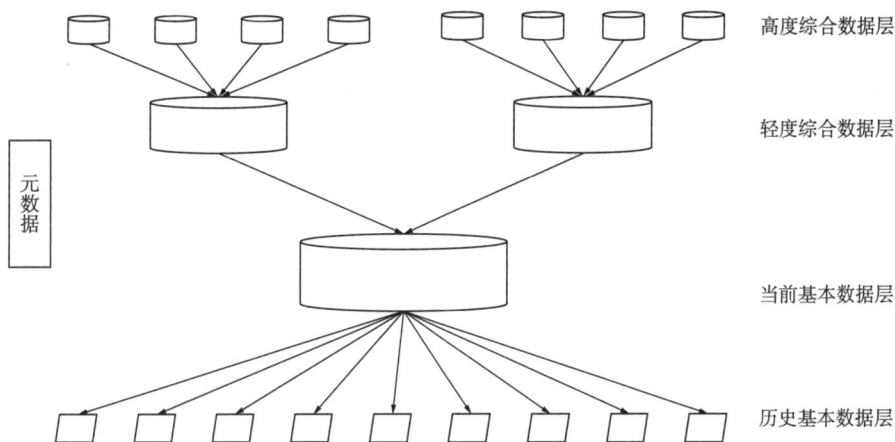

高度综合数据层

轻度综合数据层

元数据

当前基本数据层

历史基本数据层

图 3-6　数据仓库结构图

数据仓库是将来自不同数据源的信息以同一模式保存在同一个物理地点。其构成需要经历数据清洗、数据变换、数据集成、数据载入及阶段性更新等过程。数据仓库是面向问题的、集成性的、随时间变化的、相对稳定的数据集。面向问题是指数据仓库的组织围绕一定的主题而建立。集成性是指数据仓库将多种异质数据源集成为一体，如关系数据库、文件数据、在线事务记录等。

基于数据仓库的空间数据挖掘模型是空间数据的多维视图。多维数据视图是在多层次的维构成的多维空间中，存放数据的测量值。多维数据模型支持对一个或多个维进行集合运算。

对于空间数据模型主要有数据立方体、多维数据库模型、空间数据立方体 3 种形式。

1.数据立方体

数据立方体是一种多维数据模型，允许以多维对数据建模和观察，它由维度和事实定义。每个维度对应于模式中的一个或一组属性，而每个单元存放某种聚集度量值。数据立方体提供数据的多维视图，并允许预计算和快速访问汇总数据。

数据立方体包括 3 个部分：

①维度：观察数据的一个角度，如时间、产品等。每个维度都有一个表与之相关联，称为维度表。维度的不同程度称为维度的层次。

②事实：包括事实的名称或度量以及每个相关维度表的关键字。

③数据立方体格：给定一个维度的集合，可以构造一个方体的格，每个格都在不同的汇总级或不同的数据子集显示数据。

建立数据立方体的步骤如下：

①从主题中选择一个事实表。

②从事实表中选择若干个维度和度量。必须指定行维度或列维度，也可以根据不同

层次设定子维度，方便实现向上综合或向下钻取统计。除了已有数据外，还可以为度量指定运算操作，如求和、均值、极值、频数等，得到综合数据。

③生成数据立方体。数据立方体在数据仓库中应用广泛，它不仅可以提高数据查询和分析的效率，还可以根据不同的数据需求建立起各类多维模型，并组成数据集市开放给不同的用户群体使用。

2. 多维数据库模型

多维数据库模型，可以使用不同的存储机制和模式来实现，目前使用较多的多维数据模型有星型模型、雪花模型和事实星座模型。

（1）星型模型

星型模型是最常见的数据仓库数据模型，这种模型包括事实表和维度表。

①事实表：一个大的包含大批数据和不含冗余信息的中心表。事实表非规范化程度较差，例如多个时期的数据常常会出现在同一个表中。

②维度表：一组小的附属表，每个维度对应一个维度表。

星型模型可以采用关系型数据库结构，以事实表为中心，所有的维度表直接通过主键连接在事实表上，像星星一样（图3-7）。这种模型的特点是数据组织直观，执行效率高。

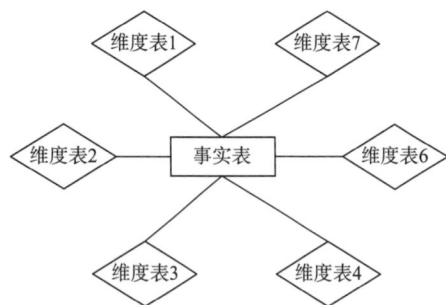

图3-7 星型模型结构示意图

事实表有大的行记录，维度表相对来说有较少的行记录。星型模型存取数据速度快，主要在于针对各个维做了大量的预处理，如果按照维进行预先的统计、分类和排序等，查询速度将非常快。

星型模型与完全规范化的关系设计相比，存在显著差异。

星型模型以潜在的存储空间代价，使用了大量的非规范化关系设计来提升速度。

星型模型限制了事实表上的属性个数、规范的关系设计则可以存储多个与事务相关的数据。

星型模型缺点如下：

当业务发生变化，原来的维度表不能满足要求时，就需要增加新的维度表。由于事实表的主键由所有维度表的主键组成，这种维的变化带来的数据变化通常比较复杂且耗时。

星型模型的数据冗余量很大，不适合大数据量的情况。

（2）雪花模型

雪花模型是星型模型的变种，其中某些维度表是规范化的，每个维度表都可以向外连接到多个详细类别表，导致模式图形成类似于雪花的形状（图3-8）。详细类别表在维度表上对事实表进行详细描述，可以缩小事实表，提高查询效率。

雪花模型每个维度表的主键都是递增的，并且每个维度表的主键都是事实表的外键。雪花模型进一步标准化了星型模型的维度表，减少了数据冗余。使得维度表更加易于维护，同时节省了数据存储空间。由于采取了较低的维粒度，雪花模型提高了数据仓库的灵活性。但查询统计时往往需要连接多个维度表，导致数据查询统计的性能有所降低，系统的性能受到影响，因此在数据仓库设计中，雪花模型不如星型模型受欢迎。

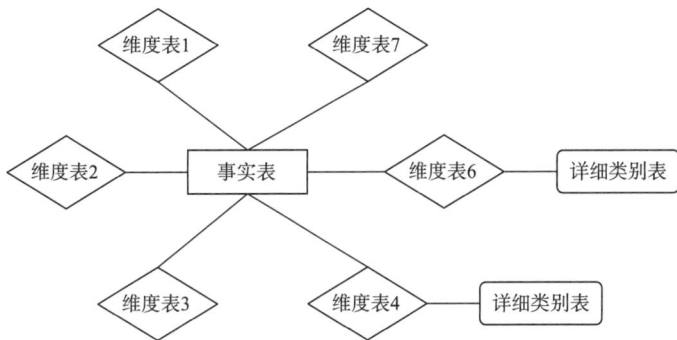

图 3-8　雪花模型结构示意图

（3）事实星座模型

事实星座模型是一种常见的数据仓库概念模型，这种模型往往应用于数据关系比星型模型和雪花模型更复杂的场合。它需要多个事实表共享维度表，被视为星形模型的集合，因此也被称为星系模型（图 3-9）。

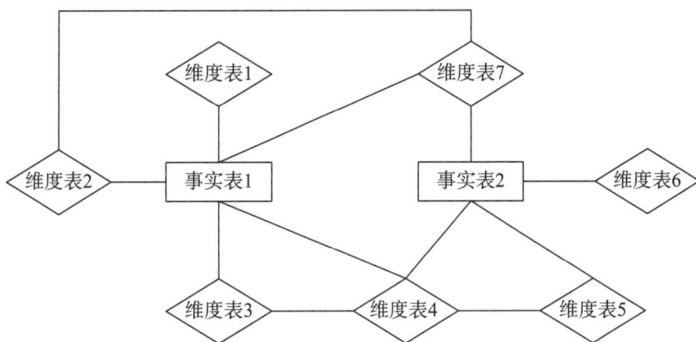

图 3-9　事实星座模型结构示意图

这些模型都是为了更好地组织和管理数据，从而更方便地对数据仓库进行操作和数据仓库系统的维护。

3. 空间数据立方体

空间数据立方体（Spatial Data Cube）是一种多维数据模型，它以空间位置为维度，将空间数据按照不同的空间粒度（如网格、矢量等）进行组织和存储，从而更方便地进行空间数据分析。

空间数据立方体通常由空间数据层和维度表组成。空间数据层包含空间位置信息和相关的属性信息，如地形、气象、环境等；维度表则包括时间、空间位置等信息，用于描述空间数据的时空变化特征。

空间数据立方体的特点在于，它可以根据不同的需求进行定制，支持多种空间粒度和多种空间数据类型，提供灵活的空间查询和分析功能。同时，空间数据立方体还支持可视化展示和交互操作，使用户可以更加直观地进行空间数据分析。

（1）空间数据仓库的维

空间数据仓库的维（Spatial Dimension）是指空间数据的方向、位置和坐标等属性，是空间数据组织和存储的基本单元。空间维可以按照不同的粒度和类型进行划分，例如网格型、矢量型等。

在空间数据仓库中，空间维是重要的组成部分之一，它与事实表、指标表等一起构成了空间数据仓库的模型。空间维度表存储了空间维的相关信息，包括空间位置、方向、范围等属性信息。

空间数据仓库中的空间维按照不同的粒度进行组织和存储，例如网格型空间维按照网格进行划分，存储每个网格范围内的空间数据；矢量型空间维则按照矢量形式进行存储，可以表达更加精细的空间结构。

空间数据仓库中的空间维还支持多种空间数据类型，例如点、线、面等，可以表达不同类型的数据。同时，空间维还支持多种空间查询和分析功能，例如空间查询、空间分析、可视化等，可以满足不同用户的需求。

总之，空间数据仓库中的空间维是重要的组成部分之一，它按照不同的粒度和类型进行组织和存储，支持多种空间数据类型、空间查询和分析功能，为决策提供科学依据。

（2）空间数据仓库的度量

空间数据仓库的度量（Measure）是指对空间数据进行量化的描述，是空间数据仓库中的重要概念之一。度量可以是数值型或非数值型的数据，用于描述空间数据的特征和属性。

在空间数据仓库中，度量通常与空间维相关联，用于描述空间数据的实际数值。例如，在销售数据仓库中，销售额是一个度量，它与产品类型、地理区域和时间等相关联。

空间数据仓库中的度量可以用于计算聚合值，例如总销售额、平均销售额等。聚合值是通过对多个度量进行计算和分析得出的，可以帮助决策者更好地了解和分析空间数据的分布和趋势。

除了聚合值，空间数据仓库中的度量还可以用于数据查询和分析。用户可以通过对度量的查询和分析，了解不同空间数据的分布和特征以及它们之间的关联关系。

3.3　林业时空大数据挖掘框架设计

3.3.1　背景意义

林业在生态文明建设中发挥着战略支撑作用，承担着建设和保护森林草原生态系统、管理和恢复湿地生态系统、改善和治理荒漠生态系统、维护和发展生物多样性的重要职能，对于保护农田生态系统、城市生态系统也都发挥着突出作用。随着生态文明理念的不断深入，需要林业积极发挥战略作用，并向智慧化方向转变升级。

随着《全国林业信息化建设纲要（2008—2020年）》的落实，经过近20年的林业数据采集体系建设、信息化建设，国家和省级层面陆续建成了一批林业数据库，已较高程度地完成了林业大数据中心建设，积累了海量的多源异构林业数据资源，其中包括大规模的时空数据资源。伴随着现代化采集和管理技术的飞速发展，林业数据资源的更新迭代速度加快，数据资源累积规模是空前的。然而，海量数据资源的开发程度较低，与现代林业建设要求仍然存在较大差距。

近年来，我国加快了智慧林业建设的步伐，2013年国家林业局印发了《中国智慧林业发展指导意见》，标志着我国林业信息化由"数字林业"步入了"智慧林业"发展的新阶段。《意见》指出随着林业信息化不断深入，林业资源的构成和作用也在发生变化，林业信息资源日益成为林业至关重要的核心要素并在一定程度上决定未来林业的发展方向和命运。正视林业信息资源的价值，利用林业信息资源辅助、支撑对林业资源的深度开发是智慧林业的首要出发点。智慧林业要在数字林业的基础上，充分应用云计算、物联网、移动互联、大数据等新一代信息技术，通过感知化、物联化、智能化的手段，用更智慧的决策掌控精细管理、处置应急事件、促进协同服务，实现最优化的创新管理。

进入21世纪，随着计算机技术、机器学习及人工智能技术的发展，数据仓库和数据挖掘的结合使用使得从海量的数据中进行实时的和深层次的分析成为可能。国内对林业数据挖掘的研究稍晚，但在知识发现的基础理论及应用研究取得了一定的进展，包括在林业统计、森林资源管理等方面已取得较好的成果，同时还实现了部分算法的优化改进，使其更加适应林业数据特征及林业生产发展的规律。

因此，在新兴技术体系支持下，开展林业时空大数据挖掘工程化实践，具有重大现实意义，既要解决当前海量林业存量数据深层信息提取与应用的瓶颈问题，也要构建完整的林业时空大数据挖掘分析框架，形成林业时空大数据智慧化的挖掘模式，构建关键技术体系，创新科学化的数据挖掘流程及知识服务应用方式。

坚持模式创新、技术创新、应用创新，以智慧、集约、安全为基本原则，充分利用现有的基础条件，推进林业时空大数据挖掘分析框架、关键技术体系、应用体系建设，落实工程化实践与服务应用，提高林业管理决策的科学性和准确性，提升林业公共服务水平。

1. 构建林业时空大数据挖掘分析框架

立足林业时空大数据挖掘的"一体化""多维性""过程与服务并重"等核心特点，分析林业时空大数据挖掘基本要素，构建一整套林业时空大数据挖掘一般流程，逐步建立林业时空大数据智慧化的挖掘模式。

2. 建设林业时空大数据挖掘关键技术体系

面向多源异构林业时空数据，构建数据预处理技术；比选时空数据挖掘方法，构建时空大数据挖掘算法模型库，研发多维模型快速搭建技术；面向海量多源异构林业时空数据存储与挖掘需求，引入大数据分布式存储与管理技术、高性能分析计算技术；结合时空知识呈现与服务要求，构建二三维一体化交互式可视化技术；采用严格的数据安全技术，保障数据挖掘过程与结果绝对安全。未来随着挖掘的不断深入，还可将云计算、物联网、移动互联等新一代信息技术纳入关键技术体系。

3. 建设林业时空大数据挖掘应用体系

依托林业时空大数据挖掘分析框架，落实"多维应用"具体实现方式。构建林业时空大数据挖掘应用支撑，建设多源数据智能处理平台、林业数据智慧服务平台，实现海量数据智能处理、智能决策。建设必要的林业时空大数据挖掘应用系统，集成基础挖掘分析、业务挖掘分析、任务管理、成果展示与导出、挖掘应用数据库、在线挖掘等基本能力，实现管理一体化、服务主动化。

4. 开展林业时空大数据挖掘工程化实践

结合当前林业资源保护、应急指挥、智能诊断等瓶颈型的紧迫需求，分析现有林业时空大数据存量资源，积极开展关于森林火灾防控、森林病虫害防治、森林资源保护、营造林选址与改造、森林资源抚育等方面的挖掘工程实践，提取有用价值信息，形成知识服务，为相关林业部门业务管理提供决策辅助。另外，要总结工程化实践中遇到的包括数据分析处理、挖掘方法使用、挖掘结果可靠性、知识信息呈现及应用方式等方面的问题并提出可行的改善方法，以实现对林业时空大数据挖掘框架的持续优化。

3.3.3 总体框架

林业时空大数据挖掘分析是一项复杂、长期、系统性的研究与应用并重的综合性工作。林业时空大数据挖掘框架设计可以概括为：一个支撑、两个体系、三个层面和多维应用。

"一个支撑"为林业时空大数据挖掘分析的数据支撑，它是数据挖掘的基础支撑。林业数据来源类型包括公共基础数据（基础地理信息、遥感影像数据）、林业基础数据（森林、湿地、沙地和生物多样性等资源数据）、林业专题数据（森林培育、生态工程、防灾减灾、林业产业、国有林场、林木种苗、竹藤花卉、森林公园、政策法规、林业执法、科技、人事、教育、党务管理、国际交流等数据）、林业综合数据（根据综合管理、决策需要由林业基础、专题数据综合分析形成的数据）。

"两个体系"分别为数据挖掘分析的数据规范体系和安全保障体系。数据规范体系包括林业基础标准、应用标准和管理规范；安全保障体系主要通过构建完备的安全管理制度、采用稳固的安全保障技术来夯实数据治理安全基石，涉及基础安全、数据安全、服务安全"三全面"的3方面的安全保障体系。

"三个层面"分别为数据处理层、挖掘分析层和价值体现层。数据处理层是对收集的数据进行预处理，满足数据挖掘分析要求。内容包括数据处理流程设计、数据收集与分析、数据预处理以及数据资产管理等，并进行全流程的质量控制，为数据挖掘分析提供可靠的数据源。挖掘分析层是根据挖掘任务，选择合适的数据挖掘分析方法，开展模型设计及挖掘分析，对挖掘结果进行分析并可视化呈现。价值体现层即通过数据挖掘分析发现的新价值，数据挖掘分析的核心目标就是发现新知识，激活数据潜在价值，重构数据价值体系，提升林业智能化水平。

"多维应用"是指面向新时代林业智能化管理需求，建立多维的、多模态的、多形式和主题的应用场景，以支撑林业智能化服务的转型要求。林业时空数据挖掘是面向政务部门以及社会大众开展综合性服务，为生态文明建设提供知识层面的应用支撑。林业数据挖掘分析应用方向是为森林资源保护、营造林选址与改造、森林火灾防控、森林病虫害防治、森林资源抚育等一系列应用需求提供技术支撑，满足社会持续的应用需求（图3-10）。

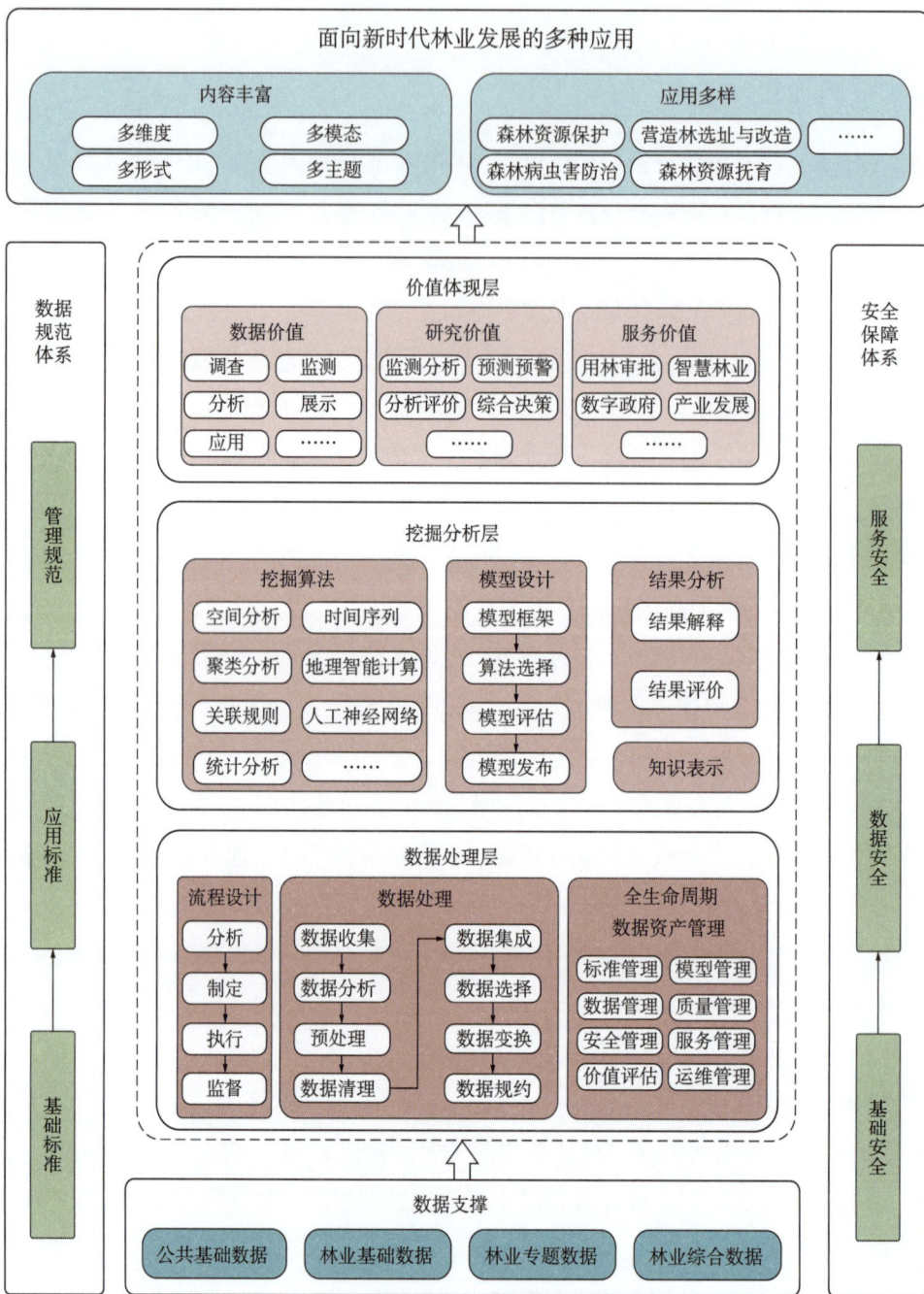

面向新时代林业发展的多种应用

内容丰富
- 多维度
- 多模态
- 多形式
- 多主题

应用多样
- 森林资源保护
- 营造林选址与改造
- 森林病虫害防治
- 森林资源抚育
- ……

数据规范体系
- 管理规范
- 应用标准
- 基础标准

价值体现层

数据价值
- 调查
- 监测
- 分析
- 展示
- 应用
- ……

研究价值
- 监测分析
- 预测预警
- 分析评价
- 综合决策
- ……

服务价值
- 用林审批
- 智慧林业
- 数字政府
- 产业发展
- ……

挖掘分析层

挖掘算法
- 空间分析
- 时间序列
- 聚类分析
- 地理智能计算
- 关联规则
- 人工神经网络
- 统计分析
- ……

模型设计
- 模型框架
- 算法选择
- 模型评估
- 模型发布

结果分析
- 结果解释
- 结果评价
- 知识表示

数据处理层

流程设计
- 分析
- 制定
- 执行
- 监督

数据处理
- 数据收集
- 数据集成
- 数据分析
- 数据选择
- 预处理
- 数据变换
- 数据清理
- 数据规约

全生命周期数据资产管理
- 标准管理
- 模型管理
- 数据管理
- 质量管理
- 安全管理
- 服务管理
- 价值评估
- 运维管理

数据支撑
- 公共基础数据
- 林业基础数据
- 林业专题数据
- 林业综合数据

安全保障体系
- 服务安全
- 数据安全
- 基础安全

图 3-10　林业时空大数据挖掘框架设计

林业时空大数据挖掘与应用

第 4 章

林业时空大数据挖掘

林业时空大数据挖掘，相较于广义上的数据挖掘，仍存在一定差异，其核心特点包括：一是林业时空大数据挖掘强调"一体化"，既是挖掘数据源的一体化，更是基础设施、工作流程以及应用服务统筹的一体化；二是数据类型是强"3S"数据，有别于常规数据类型，其基于统一的时空基准，与位置相关联，具有空间维、属性维、时间维、巨量性等基本特征，使得它比一般的数据挖掘更加复杂，海量时空数据的数据管理、预处理、可度量和不可度量的空间关系以及时间关系等都要在挖掘过程中加以考虑，也成为面临的挑战；三是它注重在挖掘过程中与成果的应用服务能力，以"数字林业"具体的关键问题为挖掘目标，面向海量的林业时空数据，从中提取隐含的信息、空间关系或有意义的特征，揭示各种空间规律、关系和趋势。基于上述特点，有必要开展分析研究，充分利用当前数据挖掘、空间数据挖掘及大数据处理领域的新技术、新方法，结合地理信息系统先进技术手段，根据林业时空大数据挖掘实际需求，整理形成林业时空大数据挖掘基本方法及关键技术。

本章主要结合林业时空大数据挖掘框架设计内容，总结开展数据挖掘工作的关键要素，就数据资源、数据规约、数据管理、知识模型、流程管理、技术应用以及数据安全等核心要素开展分析，并提出指导性建议。基于要素分析，形成一套符合林业时空大数据挖掘特点的技术流程，涵盖林业问题的理解和定义、数据标准建设、数据资源目录建设、数据收集与分析、数据预处理、模型设计、结果解释与评价、知识表达等全流程，强调挖掘流程的一体化。面向挖掘重难点，以提高挖掘效率为目标，总结支撑林业时空大数据挖掘的关键技术。

4.1 数据挖掘要素分析

4.1.1 数据资源

数据资源是数据挖掘的基本原料，基于数据挖掘目标，广泛获取并汇集挖掘所需数据资源是数据挖掘的要素之一。

大数据的来源主要有物联网数据、互联网应用数据、传统的行业数据资源等，相关数据资源的获得途径也不尽相同。物联网所提供的数据资源大多是无组织的，且大部分都是视频、音频和各种感知数据，相关数据资源的价值并不高，因而通常都是通过数据分析商来获得。互联网数据主要包括网络应用数据和手机 App 应用数据，主要表现为网络链接、文本、数据表以及其他无组织格式的图片、音频、视频等，这类数据在数据价值方面往往有着较高的密度，主要通过网络获取，也可以从数据分析商处直接购买。传统的行业数据资源大多属于结构数据，其价值较高，数据来源主要包括 ERP 系统、政务系统、规模化数据生产等，这些数据可以从相应的系统软件及数据工程中获取。而在公共平台上发布的气象、交通等数据，则可以通过网络进行数据采集。

林业作为我国一项重要的基础产业和公益产业，承担着保护和发展林业资源、保护和监管湿地资源、保护和拯救野生动植物、预防和治理土地荒漠化、指导和监督国土绿化、提供物质产品和生态产品的供给任务，在经济建设、生态建设、文化建设和社会建设中具有重要地位。因此，林业数据来源类型极其广泛，包括公共基础数据、林业基础数据、林业专题数据、林业综合数据。

林业数据结构可分为结构化、半结构化以及非结构化等类型。结构化数据主要包括空间数据，半结构化数据主要包括文本、数据表等，非结构化数据主要包括图片、音视频等。获取方式也具有多样化等特征，主要包括卫星遥感、航空遥感、野外调查、样地调查、各类物联网监测系统实时监测、业务系统生成、数据统计分析结果等。

4.1.2 数据规约

高质量的数据是构建准确预测模型和发现有意义模式的基础。如果数据质量低下，那么数据挖掘的结果可能不准确或不可靠。由于数据获取途径不同，来自物联网的数据、互联网应用的数据无统一的应用标准，通常是不完整的、带有随机性的、有噪声的、数据质量不高且数量庞大的，无法直接进行数据挖掘或挖掘的效果难以达到目标。来自具体的行业数据资源，由于行业多标准执行、生产异质性、业务管理特殊性等差异，存在数据的规范性问题。

为了保证数据挖掘能够按照预期挖掘目标进行，其所用的数据原料应是经过规约的、标准化的。目前大部分的数据挖掘基本算法，无论是传统算法还是机器学习算法，或是新型智能算法，都对数据源的规范性有特殊的需求。在利用算法进行数据挖掘和分析前，必须根据需求对数据进行数据规约，这包括指定用于指导数据资源进行规范化处理的一整套标准体系，还包括具体的数据规范化方法和处理能力。

林业数据标准体系要在遵循现行的国家、行业及地方信息化标准的前提下，结合林业信息化基础，建设涵盖林业数据资源目录、多源林业数据汇集、数据处理、数据质检、数据建库与更新的数据技术标准规范体系，以满足在森林火灾防控、病虫害防治、资源保护、督查执法、造林选址、森林抚育、用林改造等多个应用方向的数据挖掘分析的需求。林业时空大数据挖掘的成效，一定程度上取决于数据规约标准的合理性和统一实施的程度。

林业数据资源规范化也称为数据标准化，林业数据标准化要在遵循林业时空大数据基本特征的前提下，结合具体挖掘需求，建设林业时空大数据标准化具体方法和处理能力。由于林业时空大数据具有空间特征、时间特征、又具有量大且多源异构的特征，因此针对林业时空大数据的标准化处理需要经历有效的数据汇集、整合、清理、转换、提取、质检、建库的完整过程。在处理能力方面，需要具备处理带有空间基准、多种格式与结构模型转换能力以及具备高度自动化、大规模数据并行处理等能力，以克服因具有各种特性的单元尺度或特征所引起的数据间的不可比较性困难，进而改善机器辨识的精度。

数据管理

数据管理作为数据规约完成后进行大规模数据存储与管理的关键一环，在数据挖掘过程中扮演着至关重要的角色。数据管理将来自不同来源和不同格式的数据整合在一起，这种集成提供了更全面的视角，可以从多个角度和维度分析数据，从而获得更深入的洞察力。

在数据挖掘中，需要将数据用于模型的训练和验证，而管理良好的数据集能够有效地用于训练模型，并确保在验证过程中模型的准确性和可靠性。数据挖掘的最终目的通常是支持决策制定，通过数据管理，可以确保数据可信度，使决策者能够依靠这些数据做出明智的决策。有效的数据管理可以节省时间和资源，当数据清理、集成的准备工作在数据挖掘前已经完成时，数据科学家和分析师可以将更多时间专注于模型建立、特征选择和模型评估等核心工作。数据管理还涉及数据安全和合规性，确保数据受到保护并符合法规要求，可以减少数据泄露和违规使用的风险，保护个人隐私和组织的声誉。

随着数据库技术的发展，大数据领域数据管理工具出现多种概念，包括数据库、数据仓库、数据中台、数据湖等。数据库是按照数据结构来组织、存储和管理数据的仓库，是一个长期存储在计算机内的、有组织的、可共享的、统一管理的大量数据的集合。数据仓库（Data Warehouse，可简写为 DW 或 DWH）于 20 世纪 90 年代出现，是一种支持决策的、特殊的数据存储。1991 年，Inmon 将数据仓库明确定义为一个面向主题的、集成的、时变的、非易失的数据集合，用以支持管理部门的决策过程[26]。数据库与数据仓库的区别主要体现在数据库主要特征是事务型处理，承担的是日常基础业务的处理，而数据仓库则是分析型处理，用于支持高层决策分析。数据中台由阿里巴巴于

2017 年云栖大会正式提出，其站位是作为一系列数据组件的集合，弥补数据开发和应用开发之间的不匹配缺陷，与业务强相关。数据湖的实质是一个存储各种各样原始数据的大型仓库，其中的数据可供存取、处理、分析及传输。

林业时空大数据管理要考虑管理类型、存储策略与技术、存储关系、读取能力等多方面关键要素。林业时空大数据从来源类型上看极具广泛性，包括基础类、专题类、业务管理类等。从结构上看，包括结构化、半结构化以及非结构化等，需要具备空间存储、资料存储、关系存储等多种存储方式兼容的数据存储和管理能力，建立依托统一的数据资源目录的林业一体化数据资源仓库。基于林业时空大数据的多维性、巨量性等特征，满足各种挖掘应用场景的不同数据访问模式、数据存储要求和性能需求，则需要考虑混合存储策略及分布式存储技术。当林业一体化数据资源仓库面向更多类型的服务主体或挖掘任务密集时，无论是从管理优化角度还是计算资源角度，都应当考虑构建专业的林业时空大数据挖掘数据库作为数据仓库的逻辑子库。然而，林业时空大数据管理是一个持续的过程，它使数据运营者能够不断改进数据收集、存储和处理的方法，通过发现、分析数据管理过程中的问题和挑战，可以进行改进并优化数据管理策略，提高数据挖掘的效果和成果。

4.1.4 知识模型

数据挖掘的最终目标是预测和描述，数据挖掘知识模型的选择与应用是重要的一环，它们分别解决不同的任务以及不同的数据处理方式。知识模型的使用可以帮助人们从海量数据中提取隐藏的、有价值的信息，发现数据中的新模式、规律或异常情况，为进一步的分析和解决问题提供洞察。知识模型提供了对数据的可解释性，使数据运营者和决策者们能够更好地理解数据集中的特征和变量之间的关系，帮助作出基于数据的决策。

每种模型中有着众多不同的算法，不同模型或算法适应不同的场景。常用的数据挖掘方法包括关联规则方法、空间分析方法、统计分析方法、聚类分析模型、决策树方法、模糊集方法、人工神经网络、遗传算法、时间序列方法、地理智能计算方法等，每一种常用方法又根据挖掘任务分为多种分析模型或算法，具体内容已在 2.1 中介绍。为了更好地适应不断变化的挖掘需求和具体的数据，优化知识模型成为一定程度下的必然选择，通过改进算法和方法，使其更准确、更有效地处理数据，这有助于优化挖掘流程，提高效率和准确性。

林业时空大数据挖掘的知识模型选择需要充分考虑挖掘应用目标、数据特征以及任务可行性。目前，应用方向主要包括森林火灾防控、森林病虫害防治、森林资源保护与执法、营造林选址与改造、森林资源抚育与布局、重点生态区用林改造等方面。林业时空大数据是具有统一的时空基准，存在于空间与时间中与位置直接或间接相关联的大规模数据集，因此林业时空大数据的基本特征决定了其数据挖掘所需的基本方法及算法工具层面应至少具备空间分析能力、空间统计能力、空间计算能力、三维分析能力、二维三维协同分析能力、长时间序列分析能力以及传统算法与新兴智能算法融合能力。

4.1.5 流程管理

大数据挖掘流程管理的重要性在于它可以帮助组织从海量的数据中获取有价值的信息和洞察，并将其转化为商业价值、业务价值或科研价值。通过有效的流程管理，可以确保数据挖掘活动按照既定的计划和目标进行，从而提高挖掘结果的准确性和可靠性。此外，流程管理还可以帮助组织优化数据挖掘过程，提高工作效率，降低成本，并确保数据的质量和安全性。

制订一个总体的、有效的大数据挖掘流程管理计划，首先需要明确任务目标并将其拆分为各个子目标，以确保总体方向和任务的正确性。其次需要采集数据并进行整理和清洗，以保证数据的质量和完整性。再次可以进行数据探索和特征工程，以发现数据中的模式和趋势，并将其转化为可用于建模的特征。在此基础上，可以选择适当的数据挖掘算法进行建模与分析，并根据结果进行模型评估和优化。最后，将挖掘结果可视化和解释，以便对业务决策提供支持和指导。

基于挖掘平台或系统的挖掘，还需要明确各挖掘阶段的流程管理，如平台或系统的总体挖掘操作流程、数据分析流程、数据预处理流程、数据管理流程、挖掘建模流程、结果评价流程等，并将可视化的工作流形式固定为操作界面，实现在线可视化挖掘。当基于平台的多个挖掘任务同步进行时，需要建立完善的任务管理与调度流程，以便更合理地利用网络资源、计算资源，提高挖掘效率。当挖掘模型完成研发并注册至平台时，需要进行模型的测试管理流程、更新管理流程。

林业时空大数据挖掘总体流程管理包括以下步骤：制定挖掘任务和目标、问题的理解与定义、数据收集与分析、数据预处理、数据挖掘模型建立和评估、数据挖掘分析实施、挖掘结果解释和评价、持续改进和优化挖掘流程、最终挖掘知识表示。总体来说，林业时空大数据挖掘流程是一个整体上的迭代过程，任一阶段的理解存在偏差或缺漏都将导致挖掘结果的不准确或无法输出结果，在挖掘过程中常常因为挖掘需求调整、挖掘数据的不断补充或变化、基于模型训练和评估而进行的模型优化、新型计算框架的引入等而将整体的挖掘流程不断进行优化和改进。

4.1.6 技术应用

进行数据挖掘工作离不开广泛的技术支持，涵盖了多个技术领域。当前数据挖掘所必需的技术应用除挖掘算法外，主要还包括支撑数据处理技术、数据存储与管理技术、可视化技术、大数据计算技术、数据安全技术等。

①数据处理技术。在数据挖掘前，进行大规模有噪声的、模糊的、随机数据的预处理，需要专门的工具，如数据预处理工具、ETL（Extract–Transform–Load）工具等，实现对多源异构数据进行高效、准确的预处理。数据质量是数据挖掘能持续进行并保证知识可靠性的基本要求，而数据质量管理系统可发现并处理数据质量问题。

②数据存储和管理技术。大规模的数据需要高效地存储和管理，需要建立必要的数据库及管理系统，如 MySQL、PostgreSQL、Hadoop、HBase、Cassandra、Redis、Memcached 和云存储服务等，以实现对多源数据的存储和管理。目前数据仓库技术为了决策需要而诞生，应用于数据挖掘已是业内比较成熟的观点。

③可视化技术。有效的可视化工具有助于理解数据特征和挖掘结果，如 Matplotlib、Seaborn、Tableau、Power BI 等。随着挖掘工具的不断改进以及人们对数据挖掘和知识发现过程的控制需求，人机交互的可视化技术应运而生，如在线可视化交互挖掘系统。这种可视化技术将数据挖掘过程置于可视化的环境下进行，为用户提供高度的交互功能，让用户比较自由地发挥自己的能动性，控制数据挖掘过程[27]。

④大数据计算技术。大数据挖掘通常要解决海量数据的处理和挖掘效率问题，选择合适的计算环境与大数据计算框架，如 Hadoop、Spark、Flink 等，可为挖掘过程提供较为完备的挖掘生态，既能提高效率，还能实现弹性扩展，支持多种处理类型。

⑤数据安全技术。数据挖掘工作中要保障数据的安全，需要选择可靠的安全技术，如数据加密、访问控制和权限管理、数据脱敏、安全审计和监控、数据备份和恢复等，以确保涉密或敏感信息的保密性、完整性和可用性。

林业时空大数据挖掘的技术应用需求与目前大数据挖掘的技术应用体系大体一致。需要更进一步的是，在数据预处理工具、数据库及管理系统、数据质量管理的基础上，需要引入地理信息系统与遥感技术能力，能够处理、检查、分析、存储、管理带有空间基准、时间基准、分辨率特征、多维性的异构数据。在可视化技术应用方面，林业时空大数据挖掘的各个过程，基本上都可以同可视化结合起来，包括数据分析与提取过程、数据预处理过程、算法的搭建过程、挖掘分析过程以及最后的结果检验与表达阶段，可视化技术对于知识的提炼、整理、分析与表示都是至关重要的。其中，对于关键的算法搭建过程需要进一步以可视化交互界面的操作模式支持流程化多维模型快速搭建，提供丰富的可视化表现能力，从数据的各维度、各角度同时展开分析，支持用户基于挖掘任务选择各种模型算法、对模型算法的参数进行自定义，有利于用户更深入地理解问题和选用更适当的数据挖掘模型算法，对模型算法进行按需组装，完成必要的建模过程。

4.1.7 数据安全

数据安全指对数据的保护和防护措施，以确保数据的机密性、完整性和可用性。在数据安全管理中，创建明确的数据安全管理角色是至关重要的。此外，外部法律和法规也对数据安全提出了要求，各国政府和行业都制定了相关法律和管理制度来保障信息安全。例如，中国的《中华人民共和国网络安全法》、《信息安全技术　个人信息安全规范》（GB/T 35273）和欧盟的《通用数据保护条例》（General Data Protection Regulation）等都对数据安全提出了要求。大数据安全则是指在存储、处理和分析过于庞大和复杂的数据集时，采用任何措施来保护数据免受恶意活动的侵害。大数据包括混合结构化格式（组织成包含数字、日期等的行和列）和非结构化格式（社交媒体数据、PDF 文件、电子邮件、图像等）。数据挖掘分析的过程中，所用的数据量大且类型较多，如果数据被泄露或受到攻击，那么将会对相关机构或企业带来不可预测的后果。因此，数据安全将作为大数据挖掘分析的重要保障。

在林业时空大数据挖掘分析过程中，数据安全是非常重要的。一是林业时空大数据的规模十分庞大，种类多，数据所携带的业务信息较多；二是其中包含基础地理信息数据，该类数据具有较高精度的空间信息，具有涉密性质，需要在相应保密条件中管理；三是部分数据来自特定部门采集的数据，例如野生动植物红外监测数据，还有一部分数据是来自业务系统运营数据，这些数据一定程度上具有敏感性质。因此，保护数据的隐私和完整性对于保障用户权益和信息安全至关重要。为了确保林业时空大数据安全，以下是一些常见的措施和方法：

①访问控制：通过身份验证、权限管理和角色分配等手段，限制对数据的访问和操作权限，确保只有授权用户能够访问数据。

②数据加密：对敏感数据进行加密处理，以防止未经授权的访问者窃取数据。加密可以在数据存储和传输过程中进行。

③数据脱敏：在进行数据挖掘分析之前，对敏感信息进行脱敏处理，如替换、删除或保留部分信息。

④安全审计和监控：建立安全审计和监控机制，对数据访问和操作进行记录和监控，及时发现和应对潜在的安全风险。

⑤数据备份和恢复：定期对数据进行备份，以防止数据丢失或损坏，同时建立有效

的数据恢复机制。

⑥安全培训和意识提升：加强员工的安全培训，增强他们对数据安全的意识，减少意外的数据泄露和安全漏洞。

4.2 林业时空大数据挖掘流程

基于林业时空大数据挖掘框架，充分考虑数据挖掘要素，林业时空大数据挖掘流程应包括以下阶段（图4-1）：

①问题的理解与定义：这是首要阶段，在以往的数据分析工作中，经常局限于所谓的"需求"，而忽略了底层的数据应用期望以及解决业务系统的具体问题。因此，本阶段要求挖掘人员深度学习背景政策及业务知识、梳理并分解问题、设计分析过程与建模，在这个过程中真正挖掘目标，实现数据挖掘的价值。

②数据标准、资源目录建设：这是一个基于数据仓库的工程化挖掘工作必不可少的阶段，为海量多源异构林业时空数据的分类、处理、建库、管理、更新、应用全过程等制定约束规则，为后续数据收集分析、数据整理及挖掘应用等奠定数据基础。

③数据收集与分析：在这个阶段，需要对林业时空大数据进行初步的理解，包括了解林业时空数据的类型、结构和特征等，以便按照一定挖掘工作需求，展开数据收集与分析，为后续数据整理提供分析依据。

④数据预处理：基于数据收集与分析阶段的分析结论，对各类数据集中标准化处理，包括数据预处理、数据清理、数据集成、数据变换、数据选择、数据规约等，为后续的数据挖掘工作做好数据源准备。

⑤模型设计：此阶段是数据挖掘最为关键的阶段，要根据挖掘任务和目标，选择合适的挖掘算法和模型建立模型，并对模型进行评估。评估包括模型的准确性、稳定性、解释性等方面的指标。

⑥结果解释和评价：根据挖掘结果进行解释和应用，将挖掘结果转化为对业务决策的支持和指导，实现数据挖掘的实际价值。对挖掘流程进行持续改进和优化，包括选择更合适的算法和模型、优化参数设置、增加新的数据特征等，以提高挖掘结果的准确性和可靠性。

⑦知识表示：作为林业时空数据挖掘最后阶段，需要为输出的成果选择合适的、直观的呈现方式，包括二维三维时空场景、关系表示、制图输出等，既要考虑挖掘结果的主体特征，又要考虑信息多维性。保证知识易理解的同时，又能具备较好的视觉效果。

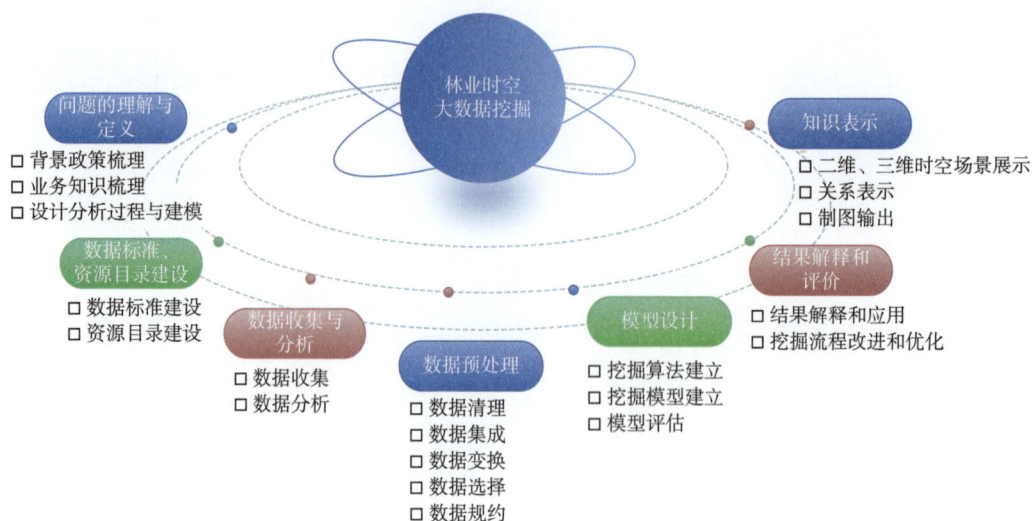

图 4-1　林业时空大数据挖掘流程图

4.2.1　问题的理解与定义

　　数据挖掘任务的发起常常基于数据提供者、数据运营者或来自企事业单位的应用需求，这些需求通常就代表了更深层次的数据应用期望以及解决业务系统的具体问题，提供决策辅助。因而在开始数据挖掘任务之前，对于问题的理解与定义极为重要。在这个阶段，经过整体而全面的分析后，就要明确挖掘的任务和目标，为后续选择合适的数据原料、挖掘算法和模型奠定基础。该过程需要多专家的共同参与，如业务分析人员要精通业务，能够解释业务对象，判定需求的合理性和可实现性，并根据业务对象确定用于数据定义和挖掘算法的业务需求。同时也需要数据分析人员精通数据分析技术，能够快速理解并将业务需求转化为数据需求。问题的理解与定义主要包括以下步骤。

1. 深入学习背景知识

　　最重要的要求是业务分析人员熟悉林业管理的基础背景知识。在此基础上，由于林业应用系统划分较为广泛，包括森林火灾防控、森林病虫害防治、森林资源保护、森林资源规划抚育、用林改造、林地征占、林业科学研究等多个领域，因此还要结合挖掘需求的具体方向深入了解特定领域的知识，以辅助理解用户的需求。如果缺少了背景知识，就不能明确定位要解决的问题。

2. 梳理、分解问题

　　根据林业领域知识的分析，一项具体的挖掘任务可以是简单的也可以是复杂的建模与分析过程。而无论哪一种实现过程均需要具备以下步骤：梳理分析的空间区域、分析的基础对象、应输出的结果。在此基础上，结合数据储备确定能够使用的数据原料，提出几种已有算法并分析算法的优缺点。若现有算法无法实现，则需分解时空计算过程，解析每一种计算场景，设计新型算法并评估可能的输出结果。

3. 分析过程与建模设计

复杂挖掘任务或目标通常可能需要进行分析过程与建模的分解与设计，往往一个分析阶段及一个输出结果不能完成整体的挖掘结果的输出，需要为复杂的挖掘任务分解多个分析步骤，为每个步骤选择合适的数据与算法，评估每个步骤的输出结果，并作为下一个步骤的输入。较好的分析过程设计既能保证目标结果的正确输出，还能充分提高计算效率。

由此可见，若不能准确理解并定义问题，就不能为挖掘准备优质的数据及合适的算法模型，也很难正确地解释或评估得到的结果。若要充分发挥数据挖掘的价值，必须对目标有一个清晰明确的定义，即决定到底想干什么。

4.2.2 数据标准建设

由于进行时空数据挖掘的原始数据来源广泛，缺乏规范性的标准制约，为挖掘带来基础性的问题。需要结合林业时空数据挖掘目标所需的数据资源储备以及挖掘成果应用业务化运行的需求，充分梳理和分析已有标准规范，并结合公共基础数据、林业基础数据、林业专题数据、林业综合数据等实际收集到的基础数据、业务数据的综合分析结果，开展标准规范研究工作，反馈当前数据挖掘应用存在的问题。紧跟国家层面的政策、指导意见、技术方案、实现路径，形成包括数据库标准类、数据汇交与整理类、数据质量控制类标准规范。在数据挖掘过程中，应结合实际业务需求，对相关标准规范边建设、边应用、边完善。

1. 数据分类标准规范

该类标准规范是整体规范的基础。用于针对不同类型数据，规定在文件系统上存放的命名约定、物理路径、目录组织等内容，按主题构建资源目录形成统一的资源目录结构，并完善相应的元数据规范，形成统一标准的资源目录和元数据，从源头上对数据资料获取、表达、存储、管理进行指导。

2. 数据汇交整理标准规范

用于规范林业时空大数据资源汇交、质检、清洗、标准化处理等操作环节的作业规程和内容约束，同时建立数据质量问题发现、反馈和响应的机制，从而推进林业管理单位对林业时空数据的汇聚和沉淀工作。

3. 数据资源管理标准

用于规范数据建库、建模和运维管理等操作环节的作业规程和内容约束，形成统一的基础数据及各类可使用的主题数据，从而推进林业时空大数据库的建设与管理，夯实林业时空数据挖掘的数据基础。

4. 数据更新与应用标准规范

该类标准规范是用于保证林业时空大数据及其挖掘成果数据的鲜活度和支撑应用而形成的工作规范和技术管理规定，具体包括数据更新技术规范、服务接口规范和共享管理规定等。

▶ 4.2.3 数据资源目录建设

按照林业时空数据挖掘需求和标准规范的规定，结合已有基础工作编制林业时空大数据的数据资源目录。对涉及的空间矢量数据、栅格数据、统计数据、资料数据等进行组织管理。

按照数据资源内容和来源划分为公共基础数据、林业基础数据、林业专题数据、林业综合数据，每类数据下建立目录体系分支结构，如图 4-2 所示。

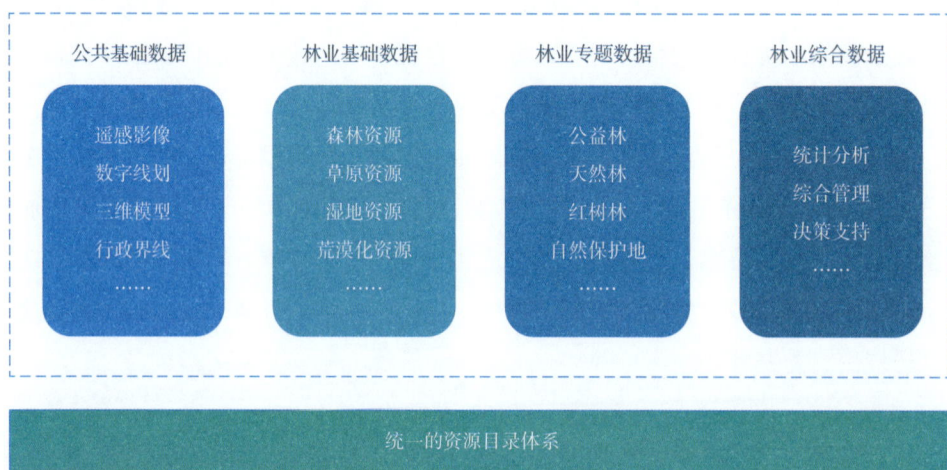

图 4-2　林业资源目录体系

1. 公共基础数据

公共基础数据主要包括多时相多尺度遥感影像数据、数字线划图数据、地上三维数据、行政界线数据、路网数据等。

2. 林业基础数据

林业基础数据主要包括森林资源数据、草原资源数据、湿地资源数据、荒漠化资源数据等。

3. 林业专题数据

林业专题数据主要包括公益林数据、商品林数据、天然林数据、红树林数据、自然保护地数据、营造林数据、古树名木数据、国有林场数据、森林病虫害数据、森林火灾预防数据等。

4. 林业综合数据

林业综合数据主要包括根据综合管理、决策的需求，由基础数据、专题数据综合分析、业务系统沉淀形成的统计分析、综合管理、决策支持数据，如用林审批数据。

4.2.4 数据收集与分析

为确保林业时空大数据挖掘的相关任务能够正常进行，同时还应保证挖掘的成果质量。按照林业时空数据挖掘需求、标准规范以及数据资源目录的规定，对挖掘进行数据源的收集、数据分析提出具体要求，保证从数据源头做好质量控制。

1. 数据收集

林业时空数据是在特定时间和空间范围内采集和记录的数据，这些数据可以广泛用于研究林业领域时间和空间的变化、趋势、关联以及其他相关的挖掘分析。依据挖掘应用建设目标和服务对象，要按照急用先行的原则规划数据收集工作，制订先后有序、科学合理的数据收集计划。由于林业时空数据挖掘基于指定的挖掘应用建设目标以及一定服务范围开展，林业时空数据挖掘具有系统性、群组性等特征，即在特定的挖掘应用方向存在一组挖掘任务，挖掘数据源之间存在高度相关性。因此，制订具体的数据收集计划时，应充分整合挖掘应用方向及其所需数据源，保证将收集的数据源不重不漏，使用明确。

在收集林业时空数据之前，需要结合挖掘任务对要进行挖掘的数据以及辅助挖掘的数据展开摸底调研，包括数据的年份、体量、格式、空间参考系、精度、执行标准、生产单位、版权、存储位置、敏感性、数据主要使用单位和应用情况等，以便获悉什么样的数据可以从哪里获取，可以采取何种获取方式，需要准备的收集工具及技术支持。

2. 数据分析

对林业时空数据的分析工作主要采取探索性分析和验证性分析两种形式。对数据进行探索性分析是时空数据挖掘的基础工作，探索与发现时间和空间上的数据模式等基本特征，这种分析可以用于理解挖掘前的数据时空现象的结构及规律；对数据进行验证性分析主要侧重于验证数据的正确性，便于了解数据资源服务程度等。

林业时空数据分析应从数据内容、数据格式和参考坐标、数据质量状况、数据异质性、数据时间序列5个方面选择合适的分析方法，详细分析数据情况。在摸清各类数据现状的前提下，形成时空数据资源分析报告，以评价各数据的整理、挖掘的工作量和难度系数，有针对性地对各类数据进行必要的数据处理和模型准备。

（1）数据内容分析

数据内容分析应包括数据内容和体系梳理、要素属性和图形特征分析。首先，依据地理信息、林业等相关标准和规程文件，梳理各类数据应有的内容和体系结构；其次，对收集的待整合对象的图形内容、属性内容进行确认，包括图形是否存在缺失，数据属性字段项是否满足挖掘需要，字段内容是否有缺失，并进行数据的时效性分析。

（2）数据格式及参考坐标系分析

时空数据挖掘涉及多组数据同时进行空间计算时，要求空间参考唯一，数据格式能够匹配分析计算要求。以调研收集的各类数据为分析对象，全面梳理数据格式类型以及采用的参考坐标系，形成数据格式和参考坐标系分析表，为每类数据空间参考变换处理提供基础。

（3）数据质量状况分析

为保证后续挖掘任务的顺利开展，数据质量分析工作应分多个步骤开展，覆盖挖掘前的各个阶段。首先，要对收集的各类时空数据进行初步的分析，从数据的内容完备性、质量准确性、规范一致性、数据时效性等方面判断数据质量情况。然后，基于初步分析，应设计质量检查策略，对数据进行基于质量方案的全面检查等。最后，在数据预处理工作完成后，应对成果数据进行质量检查，包括区别于原始数据质量检查分析结果以及预处理步骤后的数据正确性检查。

（4）数据异质性分析

数据异质性是指数据集中存在不同类型、不同结构、不同度量或不同表现形式的数据。这种异质性可能影响数据处理、分析和建模的有效性和准确性。林业时空数据异质性分析主要应围绕同类数据因执行标准、生产年代、生产单位、存储系统等不同而存在的结构、格式、坐标、度量、粒度、语义、表现形式等的关键差异性，分析对挖掘建模和分析过程可能带来的影响。

（5）数据时间序列分析

对于部分时空数据挖掘任务是基于长时间序列的，如林地地类的历年、跨年流量变化分析，森林热异常点时空演变趋势分析等，要求输入连续多期或跨期数据源，输出长时间序列的分析结果。因此，需要根据此类挖掘需求对收集的数据源进行时间序列分析，给出是否满足基于时间序列挖掘分析要求的分析结论。

4.2.5 数据预处理

海量数据中既有噪声数据、空缺数据，又存在数据不一致的现象，这些因素都会影响人们对数据信息的使用。时空数据挖掘需要涉及来自多个数据源的大量实际数据，其中大部分数据是有污染的，存在或多或少的病态，出现的错误和异常多种多样[28]。因此，在数据挖掘之前有必要通过预处理来提高数据的"质量"。

数据预处理技术为进一步的数据分析做准备，并能确定挖掘类型，具体包括数据预处理、数据清理、数据集成、数据变换、数据选择、数据规约等步骤（图4-3）。其中数据预处理可以前置处理时空数据空间基准体系不一致、类型格式不统一、信息空间化等；数据清理可以纠正不一致数据，去掉数据中的噪声；数据集成将多种数据源组合形成一致的数据存储模式；数据变换将数据变换或统一成适合挖掘的形式；数据选择根据挖掘任务从数据库中选择性地提取有关数据；数据规约通过聚集、删除冗余、降维等方法来压缩数据。

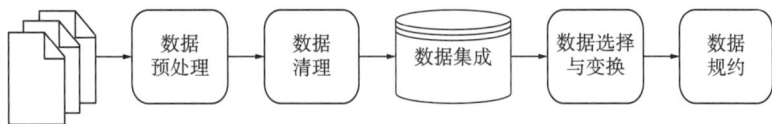

图4-3　数据预处理基本步骤

1. 数据的预处理

此处数据预处理并非广义的数据预处理含义，是根据林业时空数据基本特征及其统一分析、管理要求，提出的基础性的、前置性的预处理技术阶段。处理内容主要包括：

①类型格式的统一。对原始数据进行格式的快速标准化处理，包括自动实现gdb、shp、mdb、dwg格式之间转换，txt、xls、csv、xlsx、dbf与gdb、shp、mdb、dwg格式之间转换，生成标准的目标格式数据。

②空间参考的统一。对原始数据的多种空间参考进行处理，包括基于参数的地理坐标系的转换（包括通用大地坐标系之间的转换、地方坐标系与大地坐标系之间的转换）、投影数据的重新投影处理等；另外，对于缺失原始空间参考信息的数据则可采用地图配准的方式进行处理。

③数据结构模型变换。其在数据挖掘技术方法层面原属于数据变换，然而面向林业部门大规模时空数据特征和集中管理要求，这种转换应在前置预处理阶段进行。根据统一的数据标准，对多源异构的空间数据进行结构模型转换，包括矢量数据模型转换、栅格变换等，使之统一成适合挖掘的结构。

④信息空间化。根据挖掘需要，对指定的物联监测数据的坐标文本文件进行空间化，对指定的档案数据、图件进行空间矢量化等，实现关键信息的空间化。

值得注意的是，该数据预处理中的技术方法还可能因为数据挖掘算法的要求对数据库中选择后的数据再次进行一些投影或信息补充的操作，以便于挖掘算法处理。

2. 数据清理

空间数据质量如果得不到保障，又没有检查清理，那么时空数据挖掘可能难以提供可靠的空间知识。数据清理能够去除错误的图形与属性信息，平滑噪声，识别、去除孤立点，填补空缺数据，纠正不一致的数据，从而改善数据质量，提高时空数据挖掘的精度和性能。

根据林业时空大数据的结构特征，其数据清理至少包括图形清理、属性清理、离群值检测与处理、缺失值处理等。主要针对数据预处理过程中面对的海量质量和结构层次不齐的收集数据，根据数据挖掘任务需求，应制定不同的清理规则。

①图形错误清理。图形错误指空间数据挖掘应用中出现的空间位置或几何形状不符合实际的错误。这些错误可能导致严重的误导或误解。通常由数据采集、传输和处理过程中的数据精度控制、测量设备、数据集成错误、数据生产水平差异等原因导致。需要采用空间图形精度、拓扑检测的方法对错误的图形快速自动识别并进行清理，例如，拓扑错误、重复数据。而对于一些图形虽然存在偏移，但对挖掘任务仍然十分重要，则需要依据其他权威数据为参考，进行必要的图形的纠正或补充。

②属性错误清理。属性错误指空间数据集中的属性信息不准确、不一致或不完整。这些错误可能会导致误导性的分析、错误的决策或不准确的展示。通常由数据采集、传输和处理过程中的数据录入、数据集成和转换、语义认定、数据验证和审查缺失等原因导致。需要采用属性表结构、属性值域、属性精度、合法性等自动或半自动检测方法，对数据属性完整性、非空检核、重复字段、多余字段、非法代码、非法字段、敏感字段、非法字符、生僻字清洗、逻辑错误等属性错误进行清理。

③离群值检测与处理。离群值是指一个数据集中那些明显偏离数据集中其他样本的值。离群值的出现主要因为自然变异、数据测量和收集的误差以及人工操作失误等导致[29]。在理解数据背后的林业领域知识的前提下，离群值的准确检测和处理可采取基于统计的方法、基于近邻的方法、基于模型的方法以及基于领域知识的方法。

④缺失值处理。数据缺失是指在数据采集、传输和处理等过程中，由于数据录入错误、系统故障、调查遗漏或其他原因导致数据不完整的情况。缺失值的处理要取决于数据集的特性、缺失值的类型、领域需求以及数据挖掘分析的目标。识别并处理数据中的缺失值，一般可以通过删除包含缺失值的样本或特征，基于随机填充、均值填充和基于模型填充缺失值等方法进行处理，而具体的方法选择应谨慎并验证所采取的方法对数据和模型的影响[29]。

3. 数据集成

数据挖掘对象可能来自多个数据源，包括不同的数据库、本地数据集文件、文本文件等，在数据挖掘之前需要将这些数据源存储在一个统一的数据存储中。这种整合有助于解决数据分散、不一致或重复的问题，以提供更全面、准确的数据用于分析和决策。因此，数据挖掘的关键步骤之一是基于指定的数据仓库或存储系统，将数据源加载到挖掘工具或系统平台，以进行后续的建模、分析和挖掘。这就需要将不同来源、格式、特点性质的数据预处理成果在逻辑上或物理上有机地集中，为挖掘任务提供全面的数据基础。

应对于数据集成与后续处理流程，同时面向林业时空大数据挖掘主题和应用系统建设，提供决策支持的需求，建立支撑林业时空大数据挖掘的数据仓库就具备了重要意义。其存储的当是基于统一数据模型的、权威的、历史性的、现状性的数据，并可根据业务管理需求实时联动更新。数据源存储内容应按照林业业务管理需求及挖掘目标来划分，可包括公共基础数据、林业基础数据、林业专题数据、林业综合数据等数据大类。当数据仓库服务的业务较多，计算资源已经很紧张时，可以建立一个单独的数据挖掘库，作为数据仓库的一个逻辑上的子集。

林业时空数据预处理成果应按照统一的数据资源目录开展数据集成装入工作，一方面以保证数据可按照主题进行编目，支持数据库管理系统进行高效的数据内容索引，可以在海量的数据中，按照关键字快速进行数据定位，并对所有的数据状态进行监控，包括数据分类、数据量、数据访问情况、数据更新情况等内容；另一方面至少保证在数据版本层面的唯一性，规避不必要的数据冗余。数据装载入库应统一采用数据管理工具，进行数据建模、建立数据版本、配置入库插件和入库方案、创建和发布入库任务等流程，将预处理后并满足质量要求的数据进行入库。

4. 数据选择

数据选择是从数据库中提取与分析任务相关的数据，其目的是缩小处理范围，提高挖掘的效率。针对林业时空数据的多语义性、多时空性、获取手段和管理方式不同、时空数据的存储多样化、空间多尺度表达、社会属性信息的指标体系复杂多样等问题，结合挖掘工作需求，应制定不同的提取规则，组合不同数据的提取模型、提取方式，对核心数据进行抽取。

①基于格式的选择。对待提取数据进行格式的快速筛选，包括空间数据格式 gdb、shp、mdb、dwg 等和文件格式 txt、xls、csv、xlsx、dbf 等，以获取目标数据。

②基于数据结构的选择。在提取的数据结构模型与目标结构模型之间，建立映射关系，通过目标结构模型保留所需数据的内部结构，过滤冗余数据、无效数据、错误数据结构，最终经过工程化、批量化映射提取，获得目标数据等。

③基于属性信息选择。此类提取往往应对较为特殊的挖掘需求，通常针对待提取数据采用基于指定查询检索内容的方式即可获取目标数据，检索语言可通过多个提取需求信息进行组合。

④基于指定空间范围的选择。对待提取数据采用基于矩形、任意多边形、行政区划边界等指定空间范围进行目标数据提取。

⑤基于机器学习算法的选择。此方法主要依据充分的特征选择和不断优化的样本训练，对数据进行检索获得目标数据。

5. 数据变换

数据变换是对原始数据进行操作、转换或改变其形式，以便于更好地达到分析、建模、可视化的目的，可以帮助改善数据的分布、减小"噪音"，提高模型效果。对提取的林业时空数据进行变换和处理，最基本的处理内容包括结构模型变换、栅格数据变换等，以达到目标数据存储的要求和分析目的。

然而，基础的变换处理难以满足面向多样化业务需求的数据挖掘，还需要结合挖掘需求进行有针对性地处理，常用的处理方法如下：

①聚合处理。按照一定规则进行数据聚合处理，整合相关的林业时空数据，根据需要进行数据合并、拼接，生成汇总统计信息，用于建模和分析。

②标准化。将数据缩放为均值为0、标准差为1的标准正态分布，使得不同特征具有相同的尺度，使其适应特定分析或模型的需求。

③特征编码。数据分析模型经常需要输入特征是数值型的，使用数字对离散型的取值进行表示，转换为数值型数据后仍然是特征，但这样可便于挖掘算法的处理。

④地理解算。运用地理编码工具实现具有地址信息的地理标记向地理坐标的转换。

⑤数据衍生。基于现有数据计算新的指标或特征，生成新的衍生数据，如计算百分比、增长率等，以提供更丰富的信息。

6. 数据规约

数据规约主要负责在尽可能保持数据原貌的前提下，最大限度地精简数据量，其方法包括降低数据的维度、删除与数据分析挖掘主题无关的数据等。虽然数据规模缩小了，但仍接近于原数据的完整性，这样在规约后的数据集上进行挖掘效率更高，并能产生相同的分析结果。

结合林业时空数据的基本特征，可用于数据规约的策略包括：

①维归约。用于分析挖掘的数据可能包含很多属性，其中一些属性与挖掘任务并不相关，这些不相关或冗余的属性增加了数据量，可能会减慢挖掘进程。维归约通过删除与挖掘不相关的林业时空数据的属性，或通过特征选择、主成分分析等方法，将数据变换为更少的维度，保留最重要的信息。

②数据压缩。该方法是通过使用各种压缩算法和技术来减少数据量的过程。这有助于节省存储空间、提高数据传输效率并降低成本。压缩可分为无损和有损两种类型，压缩算法的选择取决于所需数据类型、压缩率和重建数据时所需的精度。有时使用多种算法的组合可以在不同方面取得最佳结果。林业时空数据部分数据存在冗余情况，可采取有损压缩方法，如主成分分析、信噪比等。

③数值归约。该方法通过不损失关键信息的方式，将大量数据变换为更简洁的形式，以达到减少数据量的目的。根据林业时空数据集的特性和挖掘需求，通常可采用回归、聚类、抽样等方法对数据集的数值进行归约，以在减少数据量的同时保持对数据的有效描述。

④离散化。该方法是将连续型数据划分成离散的区间或类别的过程。常用方法包括等宽、等频、聚类、自定义阈值和基于频率的离散化。虽然这简化了数据分析，提高了处理效率，但也可能丢失连续性信息。因而选择离散化方法需考虑所选数据特性和挖掘任务需求。

▶ 4.2.6 模型设计

模型设计是数据挖掘的关键步骤。对于模型设计与搭建过程，除了要基于明确的数据挖掘任务外，还需要考虑两个方面的因素：一是需要根据不同的数据特点，选择用与之相关的算法来挖掘；二是要根据用户或实际业务系统的要求，有的用户出于政策考虑可能希望获取描述型、容易理解的知识，而有的用户则希望预测准确度尽可能高的预测型知识[30]。从数理统计、人工智能、机器学习、空间分析等挖掘方法中选择适当的方法来定义模型，也可以技术结合来设计模型。模型设计完成后，需要通过测试来训练、评估一个模型，并进一步优化性能，评估内容包括模型的准确性、稳定性、解释性等方面的指标。

1. 模型框架

数据挖掘模型框架是一种结构化的方法或工具集合，用于帮助设计、实现、评估和应用数据挖掘模型。这些框架提供了一些通用的组件、库、算法和工具，以简化数据挖掘任务的开发和管理。目前，数据挖掘已有一些常用的模型框架，其中 Apache Spark MLlib 处理大规模挖掘任务，其提供了分布式的机器学习库，包含众多常用算法，还可基于其开发语言，开发空间分析算法；TensorFlow 处理需要采用深度学习算法的挖掘任务，其提供了丰富的神经网络模型和优化算法；H2O.ai 的特点是自动化、高性能，提供了丰富的数据挖掘算法，支持分布式计算；RapidMiner 提供了可视化的数据挖掘流程设计；Orange 具有图形化用户界面，适合非技术人员使用，提供了丰富的数据挖掘算法和可视化服务。

林业时空数据挖掘模型框架的构建需要以挖掘目标为基础，借鉴不同框架的优势，充分考虑数量输入量、存储资源、计算资源、算法资源，设计合适的模型框架。林业时空数据挖掘模型框架采用基于知识引擎的多维模型快速搭建技术，对各类现有算法及根据需要开发的模型进行标准化封装，形成可并行分布式部署的知识服务容器，并且应用流程化引擎对知识服务进行再组合；知识模型层按照面向对象方法，设计基础挖掘分析模型库和业务挖掘分析模型库，其中基础挖掘分析模型库的各类分析挖掘模型，能够通过定义参数、定义规划、定义流程、定义方案，构建业务挖掘分析模型库。

2. 算法选择

选择适当的数据挖掘算法对于取得好的挖掘结果至关重要。因此，算法选择是数据挖掘建模的关键环节，根据具体的数据、问题和需求，选择合适的挖掘算法来构建和优化模型。选择挖掘算法时应具体考虑如下要点：

（1）问题类型

首先要确定挖掘的问题类型，如分类、回归、聚类、关联规则挖掘等，以选择适合的算法。每种问题类型可能需要不同的算法或相同算法的不同参数来解决。

（2）数据集特征

了解数据集的特征、属性和规模。考虑数据的维度、稀疏性、分布等因素，选择适合数据特征的算法。

（3）算法适用性

理解每种算法的适用场景、优势和局限性。不同算法可能对特定类型的数据和问题更具优势。

（4）计算资源和效率

考虑算法的计算复杂度、内存消耗和运行时间。选择适合当前计算资源的算法，避免算法过于复杂导致运行效率低下。

（5）模型解释性

考虑算法的解释性，特别是需要对挖掘结果进行解释和理解的情况。一些算法（如决策树、逻辑回归）具有较好的解释性。

（6）算法稳定性和鲁棒性

了解算法的稳定性和鲁棒性，考虑数据中可能存在的噪声、异常值和缺失值。选择能够处理这些情况的算法。

（7）交叉验证和模型评估

使用交叉验证等评估方法，比较不同算法的性能。通常需要在多种算法间进行比较和选择。

（8）林业领域知识和经验

考虑林业领域专业知识和经验。有时，领域知识能够指导选择合适的算法或调整算法参数。

（9）算法集成

考虑采用集成学习方法，将多个算法的结果结合起来，以提高模型的性能和稳定性。

（10）数据隐私和安全性

考虑数据隐私和安全性，确保所选算法不会泄露敏感信息或违反隐私规定。

3. 模型评估

数据挖掘模型评估是确保模型性能和可用性的关键步骤，它有助于确定模型是否能够满足业务需求，以及是否需要进一步优化或改进。模型评估是一个迭代的过程，通常需要根据训练、测试、验证的结果多次调整模型和参数以提高性能。模型评估的主要步骤和方法如下。

（1）数据集划分

将数据集划分为训练集、测试集、验证集（通常采用 70%~80% 的训练集和 20%~30% 的测试集比例），以评估模型的泛化能力。

（2）性能指标选择

根据问题类型选择合适的性能指标，例如分类问题可以使用准确率、召回率、计算效率，回归问题可以使用均方误差（MSE）、R^2 等。

（3）模型训练

使用训练集来训练模型。在深度学习中，通常需要定义网络架构、损失函数和优化器，然后进行迭代训练。

（4）模型预测

使用训练好的模型对测试集进行预测，并获取模型的输出结果。

（5）性能评估

使用选择的性能指标来评估模型的性能。这可以包括计算准确率、召回率、计算效率等，或计算均方误差、R^2 等。

（6）交叉验证

使用交叉验证来验证模型的稳定性和泛化能力。常见的交叉验证方法包括 K 折交叉验证和留一交叉验证。

（7）超参数调优

如果性能不满足要求，可以通过调整超参数、优化算法或改进特征工程来改善模型性能。

（8）模型比较

如果有多个模型进行比较，使用相同的评估标准来比较它们的性能，以选择最佳模型。

（9）模型解释

对于某些任务，尤其是在业务环境中，理解模型的预测过程和特征重要性对于模型的可接受性非常重要。

（10）报告和文档

编写评估报告，总结模型的性能、发现、局限性和建议。

4. 模型发布

模型发布是将训练好的模型部署到使用环境中，以便在实际应用中使用。模型发布是数据挖掘项目最为关键的一步，它决定了模型是否能够为业务提供实际价值。确保模型在挖掘开发环境中的可靠性和稳定性是至关重要的。模型发布通常需要考虑如下要点。

（1）模型导出

在数据挖掘开发环境中，将训练好的模型导出为适合挖掘操作环境部署的格式。这通常包括将模型参数和权重保存为文件或对象。

（2）部署环境选择

选择适当的操作环境来部署模型。这可以是云平台、本地服务器、边缘设备或其他适合的环境。

（3）模型部署

将导出的模型部署到生产环境中。这通常涉及将模型加载到模型服务器、应用程序或服务中，并确保它能够与其他组件进行集成。

（4）API 和接口开发

创建一个接口或 API，以允许应用程序和服务与模型进行交互。这通常包括定义输入数据的格式、模型推理过程和输出数据的格式。

（5）性能优化

对部署的模型进行性能优化，以确保模型在实时或批量推理中能够高效运行。这可能包括使用加速硬件、模型量化或其他技术。

（6）监控和维护

建立监控系统来跟踪模型性能，包括性能指标、错误率、处理时间等。定期检查模型的表现，并在需要时进行维护和更新。

（7）版本管理

为模型实施版本管理，以便能够追踪模型的不同版本，记录模型训练参数和性能数据。

（8）安全性和权限

确保模型的安全性，包括数据隐私、认证和授权，防止未经授权的访问。

（9）测试和验证

在生产环境中进行测试和验证，确保模型在实际使用中正常工作，不引入新的问题。

（10）回滚策略

制定模型发布和回滚策略，应对模型失败或性能下降的情况。

（11）持续改进

持续改进模型性能，包括更新数据、重新训练模型、调整超参数等，适应不断变化的需求和环境。

林业时空大数据挖掘模型除了综合考虑上述要点，保障挖掘系统运营方的模型正常使用，同时基础挖掘分析模型库和业务挖掘分析模型库中的各类模型还可以通过标准服务接口，对外提供相应的大数据基础挖掘分析与大数据业务挖掘分析的服务。

以林业时空大数据挖掘分析模型库和数据库为基础，基于大数据计算框架对模型库进行服务接口封装。为方便应用系统调用，数据浏览服务封装为 OGC 标准服务接口（如 WMTS、WMS 等），林业时空大数据挖掘分析服务能力封装为基于 SOAP/REST 协议的 WebService 服务接口。

▶ 4.2.7 结果解释与评价

数据挖掘结果的解释与评价是一个迭代的过程，将作为检验数据挖掘流程每一个步骤设计的最后一道保障，任何一个步骤存在致命性或具备关键性影响的错误时，即可导致结果的不可解释及不理想的评价结论。例如，它除了可以反映数据变换处理是否完全，数据缺陷值、离群值、错误图形等是否处理完全，模型的有效性和可用性，模型中某个算法参数存在的问题，还可以反映所选数据是否合适。解释和评价数据挖掘结果不仅有助于理解模型如何工作，还能帮助制定决策和行动计划以应对结果。

1. 结果解释

林业时空大数据挖掘结果的解释需要业务分析人员与数据分析人员的共同参与。业务分析人员能够解释林业业务对象，能够判定挖掘结果的合理性以及是否已达到挖掘目标。数据分析人员能够解释林业数据存在的问题，能够判定所选数据源是否已响应模型分析。首先，在这个过程中，结果的可解释性首先依赖于模型的解释性，这在建模之时就需考虑，以便更容易解释结果，如缓冲分析模型的原理是"在某一对象周围一指定距离内创建静态或动态缓冲区多边形，识别对其周围地物的影响度而建立有一定宽度的带状区域"，且对于不同空间图形的缓冲区生成的算法规则描述是极其清楚的，那么模型输出的结果也将是容易理解的；然后，需要了解哪些特征对模型的输出产生了最大的影响，有助于理解并解释结果，如点、线、面等不同的空间图形的输入，或不同空间投影坐标的图形的输入，都将输出不同的结果；最后，模型参数直接从算法层面影响结果，查看模型参数，以理解它们是如何影响结果的，例如缓冲分析模型中欧式距离算法与测地线距离算法，输出的结果将大相径庭。带有业务性质的挖掘结果要实现用户级的解释和信息传达，需要选择合适的可视化工具、配备清晰的说明文档，包括统计图表、二维三维空间地图等，标注关键性的业务参数，解释挖掘过程及结果，以辅助理解。

2. 结果评价

林业时空数据挖掘结果的评价可综合选取常用的几种方法。性能指标是首要的方法，尤其是对于采用基于卫星航空影像数据和人工智能技术方法开展的挖掘结果，需选取查全率、召回率等指标来评估结果，同时也是对模型性能的评估。交叉验证也作为常用的方法，来评估模型的泛化性能，确保模型不仅仅在训练数据上表现良好，尤其是同一类模型用在多种林业时空数据挖掘任务时，交叉验证结果对于优化模型泛化能力方面具有良好的辅助效果。对于错误的挖掘结果，还需进行误差分析，以确定哪些类型的错误最常发生，并找出模型在这些情况下的局限性。在建模过程中，通常为了追求最佳挖掘结果，需要尝试不同模型算法，进行比较，找出哪个模型在特定任务上表现最佳。模型的使用可以直接采用已有模型，然而由于业务特性，还需要再开发，甚至完全重新开发模型，而这些模型的选用、设计与评估更应该关注业务指标，模型的成功不仅仅体现在技术性能指标上，还要关注它的输出结果能否满足业务目标。

4.2.8 知识表示

知识表示是数据挖掘研究中极为重要的研究课题之一。无论采用数据挖掘方法解决什么问题，首先遇到的就是涉及各类知识如何加以表示。数据挖掘知识表示是指将数据挖掘任务中的数据、信息和知识以某种形式呈现、表达或储存的方法。这种表示一方面有助于将原始数据转化为计算机能够理解和处理的形式，以便进行模型建立、分析和挖掘；另一方面是将数据挖掘提取的知识信息以合适的表示方法和技术手段呈现，以便于业务人员或特定用户理解并应用知识。根据数据挖掘内容，已有一些常见的知识表示方法。

1. 特征表示

特征表示是将原始数据中的属性或特征以数字或向量的形式表示。这可以包括数值特征、类别特征、文本特征、图像特征等。特征表达工程是一项重要的任务，它涉及选择、提取、变换和构建特征，使其适合用于数据挖掘模型的输入。

2. 图表示

当数据以图的形式存在时，需要将图中的节点和边以适当的方式表示。常见的图表示方法包括邻接矩阵、节点嵌入（Node Embeddings）和图嵌入（Graph Embeddings）。

3. 时间序列表示

时间序列数据需要经过时间序列表示，考虑时间维度，包括滞后值、统计特征、周期性特征等。

4. 空间数据表示

空间数据表示是将地理信息系统数据以坐标、地理特征、地图图层等方式表示，以便进行空间数据挖掘和分析。

5. 知识图谱表示

知识图谱表示是将知识图谱中的实体、关系和属性以三元组形式表示，支持知识图谱的查询和推理。

6. 时空数据表示

时空数据表示将时空信息以坐标、时间戳、时间间隔等方式表示，支持时空数据挖掘和分析。

7. 分布式表示

分布式表示方法如词嵌入、图嵌入、节点嵌入等，将数据以低维度的向量形式表示，捕捉数据的语义和关系。

8. 深度学习模型表示

利用深度学习模型（如神经网络、卷积神经网络、循环神经网络）来表示数据，通常通过模型的隐藏层输出来获得数据的表示。

时空数据挖掘的数据、信息和知识结果在可视化展示层面需要以一种美观和直观的方式呈现给用户。

林业时空大数据挖掘知识成果根据数据特征和服务对象的应用诉求，以空间数据可视化表示技术为基础，对林业时空大数据挖掘知识进行表示，其表示类型主要包括 Web 端、统计图表展示，二维三维协同空间场景展示，专题图制图输出等 3 类。其中 Web 端主要利用现代 Web 技术，构建可拖拽、组件化、操作实时响应的富交互式体现，二维三维地图组件、图形表格组件和多媒体音视频组件，对海量林业时空大数据挖掘成果进行多维度、多形式的多样化表达，达到全面多角度刻画数据的目的。在时间序列表示方面，通过时间轴或时间线结合二维三维地图组件展示数据的变化情况。对于通过关联规则算法进行挖掘的结果以及林业系统业务关系表示可采用图数据技术，以复杂网络关系图的形式进行表示。专题图制图输出为用户提供在线的个性化专题图制作的服务并支持一键式输出专题图。

4.3　林业时空大数据挖掘关键技术

4.3.1　多源异构时空大数据预处理技术

大数据挖掘预处理是指在进行数据挖掘之前对数据进行预处理、清理、集成、提取、变换、质量控制的过程。它的目的是提高数据的质量和可用性，以便在后续的数据挖掘任务中获得更准确和可靠的结果。

1. 基于 ETL 的时空数据集成技术

ETL 是一种常用的数据集成技术，也可称为数据仓库技术，用于从分布的、异构的数据源提取数据到临时中间层后进行清洗、转换、集成，最后加载到数据仓库或其他目标数据存储中，以实现数据集成、清洗和分析等目的。

林业时空大数据挖掘所需的数据仓库建设、挖掘预处理工作等均需要基于 ETL 的基本原理。在数据集成的过程中考虑时空信息，使其能够处理与时间和空间相关的数据，比如时间序列数据、空间信息数据等。这种技术能够整合多个时间点或地理位置的数据，以支持更复杂的分析、预测和决策。

基于 ETL 的林业时空数据集成技术的一般步骤包括：

①数据抽取是从不同的时间序列数据源和空间信息数据源中提取数据。时间序列数据源可以包括传感器数据、历史记录等，空间信息数据源可以包括矢量数据、栅格数据、地图数据、地理标记数据等。

②数据变换的目标是将原始抽取的数据按照需要的形式进行处理，这种过程本质是按照统一的标准要求对数据进行规范化。对提取的林业时空数据进行变换和处理最基本的处理内容包括数据结构模型变换、空间参考系变换、数据格式变换、栅格数据处理等，以适应目标数据存储的要求和分析目的。然而，基础的变换处理难以满足多样化业务需求的时空数据挖掘，还需要挖掘需求进行有针对性地处理。

③数据装载是将抽取和变换后的时空数据加载到目标数据存储中，以便后续分析和查询。数据装载的目的是确保数据的完整性、一致性和可用性。林业时空数据装载需要充分考虑时间维度、空间维度、数据关联方式等。对于初次装载，可采用批量装载，将处理后的数据以批量的方式加载到空间数据库、文件数据库。对于周期性或定期地更新数据，可考虑是否按照全量或增量装载方式。通常来说，全量装载更加有利于同一数据的历史版本化管理，但这种方式不利于节省资源和时间，而增量装载方式只加载自上次装载以来发生变化的数据，以节省资源和时间。对于同期大批量数据，也可采用将数据存储在缓冲区中，定时或根据条件将数据批量加载到目标系统，减少目标系统的负担。

2. 自动化数据清理技术

数据清理就是把数据再进行一遍审查和校验，目的就是消除或校正数据集中的错误、缺失、不一致或不准确的部分，确保数据质量和准确性。数据清理也是一项非常复杂的处理过程，自动化数据清理技术旨在通过算法、程序和工具，自动检测、修复和清理数据质量问题，从而提高数据的质量、准确性和可用性。

根据林业时空大数据的结构特征，其自动化数据清理至少包括图形清理、属性清理、离群值清理、缺省值清理，主要针对数据预处理过程中面对的海量质量和结构层次不齐的汇集数据。根据数据挖掘任务需求，制定图形清理规则，对错误的图形快速自动识别并进行清理，例如拓扑错误、重复数据；制定属性清理规则，对数据属性完整性、非空检核、重复字段、多余字段、非法代码、非法字段、敏感字段、非法字符、生僻字清理、逻辑错误识别并清理；对于如离群值、缺省值等错误信息快速自动识别并进行清理，通过自动化数据清理技术实现有效数据和信息的提取。

3. 数据质量控制技术

数据质量控制是确保数据的准确性、完整性、一致性、可靠性和及时性的过程。

数据质量控制贯穿于林业时空大数据预处理整个生命周期。依托指定的数据规范，制订质量检查方案，检查对象包括汇集的原始数据、关键过程数据、成果数据等。根据林业时空大数据特征，充分对数据的结构完整性、空间信息、属性信息、时间序列、业务逻辑等内容进行检查，以确保可适应分析或建模的需求。

质检内容依赖于确定的质检规则，而质检规则是对检查对象、检查阈值以及检查技术方法的一种抽象和封装。质检任务执行一组元素级检查操作，特定的质检规则执行一个具体的质量元素下的检查项操作。通常而言，质检规则是最基本的规则集合，需要采用质量规则库来集中管理及更新，规则库中主要包括时空数据的基本要求检查、空间信息检查、属性信息检查、表征质量检查、业务逻辑检查等检查中可运用一般通用检查技术方法的检查规则。由于数据质量控制的目的是服务于时空数据挖掘，挖掘需求通常会对数据质量提出特定的要求，单一的检查规则难以满足，因此可以根据挖掘任务，采用规则集组合的方式建立不同的检查模型，实现自动化检查。

数据的质检任务依托于对应的质检方案。质检方案是在数据模型、质检规则以及评价模型的基础上建立的。根据质检要求，通过数据模板设计、模型设计、质检规则配置等步骤形成质检方案。

基于质检方案，采用计算机空间分析、属性分析以及必要的人工智能分析技术进行检查判断，分析的技术方法来自各种算法，由统一的质检算法库支持。通用型算法支持的检查分析一般可设置多个数据的批量化自动检查，使多个检查任务进行自动的批量检查，并存储相关检查结果，输出检查结果报告。

4.3.2 基于混合架构的时空大数据分布式存储技术

混合架构指的是在分布式存储系统中，同时采用多种不同类型的存储技术和架构，以满足不同的数据访问模式、数据存储要求和性能需求。这种综合利用多种存储技术的方法可以最大限度地发挥各种存储系统的优势，提升整个存储系统的性能、可靠性和效率。

1. 混合存储策略

单一的物理存储形式无法满足不同类型空间数据或同类型数据不同应用场景的数据存取需求，需要采用混合存储策略。以应用为牵引，综合应用空间数据库、分布 NoSQL 数据库、内存数据库和分布式文件系统，实现多源异构时空大数据最优存储形式的适配。不同存储形态的时空数据往往对应不同的业务场景，混合存储策略从业务角度进行顶层的数据划分。不同存储形态本质上也是一种分布式存储，进而提升多重业务运行整体的数据访问性能。

基于上述基本原则，采用 MPP 架构空间数据库，用于大规模存储结构化数据，如森林资源调查数据、自然保护区数据等，特别是对于需要支持复杂查询和挖掘调用的数据。分布式 NoSQL 数据库，用于存储非结构化或半结构化数据，如遥感影像、地形模型、瓦片数据、部分挖掘分析结果数据等，这些数据库通常具有高吞吐量、低延迟和扩展性良好的特点。对于特定的挖掘分析场景所需的原始数据、过程数据以特定的存储形式满足算法运行的要求，可采用内存数据库，将部分数据加载到内存中，利用内存数据库实现在线挖掘时低延迟、高吞吐量的数据访问。面对挖掘成果浏览场景，优先直连空间数据库，选择具有高数据质量的库体成果数据。面对分发服务场景，优先选择文件形态数据。面对高并发的服务应用以及海量数据的快速浏览，将矢量与栅格数据处理为瓦片形态能够获得更优的应用效果与用户体验。

2. 分布式存储

分布式存储技术是一种将数据存储在多个物理或逻辑位置的方法，以提高数据的可靠性、可用性和性能。分布式存储技术允许数据被分布式存储在不同的服务器、存储节点或数据中心中，通过网络进行访问和管理。这种架构允许存储系统在不同的节点上同时处理大量数据，并且可以自动处理节点故障或扩展存储容量。分布式存储架构如图 4-4 所示。

根据林业时空大数据结构特征，宜采用分布式大数据存储环境，以满足结构化、半结构化及非结构化数据管理需求，突破内外存储结构转化、动态索引更新、全数据域实时查询和海量空间计算任务中数据 I/O 性能等技术难点，结合云基础设施架构构建资源池，为数据挖掘提供鲁棒、高效的实时数据服务。

由于分布式文件系统的存储机制与特性，宜采用混合存储策略，构建弹性可扩展的存储模型，突破多终端、高并发环境下的数据分布式存储。采用基于 Hadoop 的分布式存储、面向挖掘分析服务的分布式数据动态组织与调度技术，为林业时空大数据的数据及其挖掘分析提供高性能、高可靠性的存储管理环境。

对于单一业务，采用副本集、数据分片等分布式存储技术应对高并发的数据存取访问。

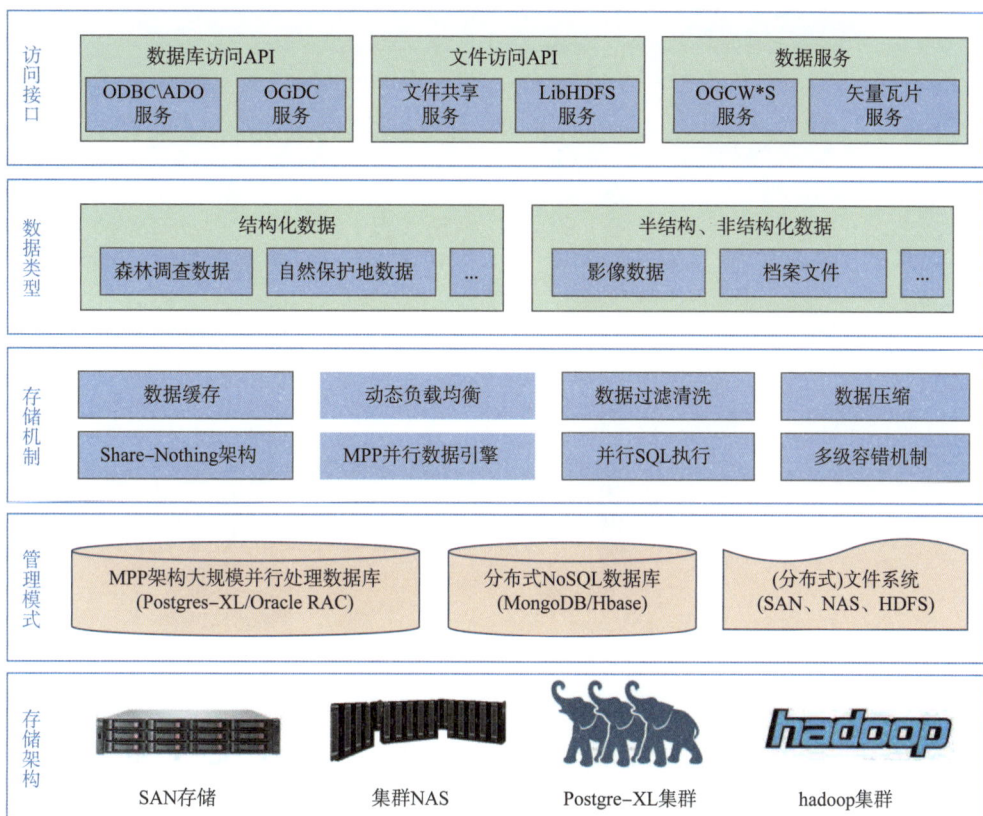

图 4-4　分布式存储架构

对于集中写入、持续读取的场景，适合采用副本集技术，一主一从或一主多从，由数据库数量依据并发访问量决定，结合实际业务运行情况，动态调整从数据库数量。副本集技术中，主数据库负责写入，从数据库负责读取，主从数据库之间通过复制机制保持数据同步。在主从数据库之上增加中间件，提供连接池、负载均衡等功能，统一接收数据读写请求，依据请求类型，写入操作提交主库，读取操作依据主数据库和各从数据库的负载情况进行灵活调度。当超过限制的连接数后，中间件会拒绝数据库连接请求，保持数据库运行的稳定性数据副本集技术示例如图 4-5 所示。

对于亿级大表或高并发的频繁读写场景，适合采用数据分片技术（图 4-6）。逻辑单表被拆分为多个物理表，即多个分片，每个物理表存储于不同的数据库，每个数据库具备独立的支撑环境。数据分片需要确定分片字段，一条记录在进行数据库插入时，基于该记录分片字段的内容计算该记录属于哪个分片，并将记录插入特定数据库的分片中，区划字段为常见的分片字段。当对矢量数据进行浏览或查询时，多数情况下其本质为对集中连片要素集合的访问，这些集中连片空间要素地理位置很接近，通常情况下归属于一个或几个行政单元。若能够在进行矢量数据查询时，根据行政区划过滤和缩小数据库中的检索范围，则能够起到访问较少数据而较快找到满足条件的数据的效果。

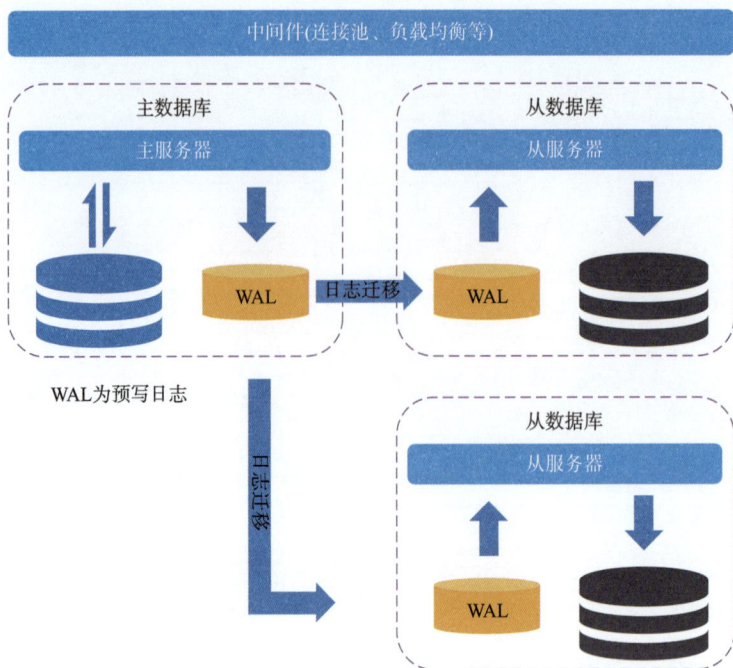

图 4-5　数据副本集技术示例

在读取时，每个分片进行相同的查询，各分片查询结果合并后提交给用户。通过云架构，可依据实际的业务运行情况，灵活调整支撑数据分片的数据库服务器。

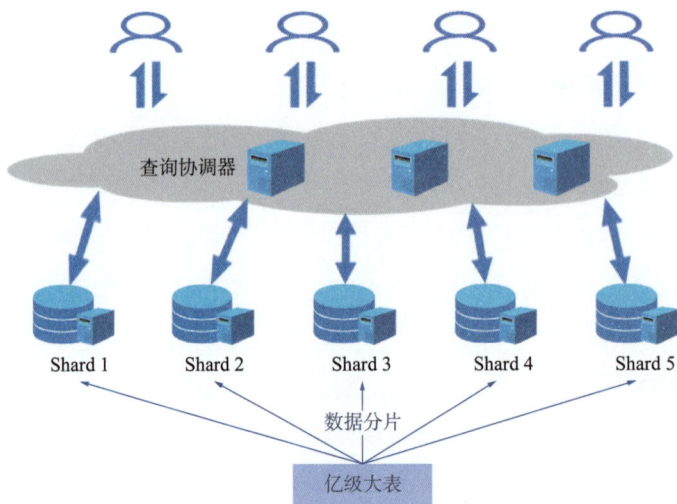

图 4-6　数据分片技术示例

4.3.3　大规模时空数据高性能分析计算技术

林业时空大数据涵盖海量数据，并且数据量随着时间仍呈几何指数级增长，数据挖掘分析常常面向百万乃至千万级规模的一次分析量，普通数据处理技术难以实现即时化处理和对内外部需求的及时响应，因此，采用高性能的大数据分析计算技术是必然选择。

传统单机计算模式或单一集群模式已经无法满足多样化、按需调度、实时处理、分布式计算等计算需求，大规模的时空数据挖掘需要综合利用分布式计算、并行计算等技术，需要研究基于分布式环境，构建高性能并行计算引擎和分布式计算混合计算的模式，在特殊挖掘需求情况下还可能应用 GPU 计算技术，如基于深度学习框架进行图像模式识别。多种高性能计算方法相结合（混合）的方式，能够发挥出不同计算方法的优点，将不同的计算技术在统一的计算调度模式下（统一资源管理、任务调度管理、流程管理、模型管理等）实现无缝集成（高性能混合计算）。

首先，在大数据计算技术基础上，扩展并行计算、分布式计算框架支持空间基础数据模型；其次，大数据计算技术中的数据划分方法、分布式索引方法等都不适用于空间数据分析计算，易造成计算过程中的负载不均衡，所以需采用新的空间数据划分方法以及空间并行索引的方法，为后续空间算子的并行化改造提供基础支撑；再次，面向不同计算需求采用的计算技术不同，主要有 3 种方式：并行空间计算、分布式空间计算和混合计算（前两种方法混合），所以需要不同的空间计算技术进行统一的调度管理；空间计算分析中不同计算方法实现无缝集成，要解决数据之间的交换问题，并行空间计算主要是在已有算法的基础上通过并行调度实现并行计算，计算数据存储在本地文件系统中，分布式空间计算采用大数据架构，数据存储在分布式文件系统中，需研发并行计算与分布式计算之间的共享通道或者方法；最后，将空间大数据混合计算框架在实际中进行应用，测试算法性能、计算框架的性能，进行迭代优化。高性能计算技术框架如图 4-7 所示。

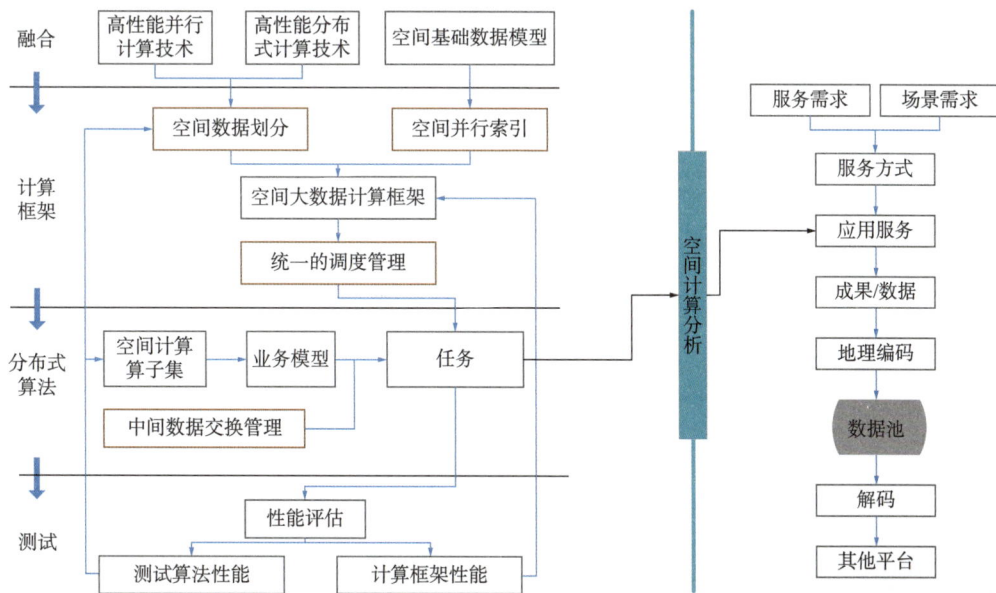

图 4-7　高性能计算技术框架

1. 计算技术空间化方法

在大数据计算技术的基础上，已将空间数据基础模型融入，然而采用非空间数据的数据划分方法、数据索引方法等实现空间分析算子的并行化改造，易使计算过程中的任务倾斜，从而形成性能瓶颈导致计算效率低下。因此，在高性能计算技术空间化的扩展当中，需要将非空间数据划分方法扩展为空间数据划分方法；将普通的索引扩展为分布式空间索引。并在此基础上，从实际需求出发，提取数据算法模型，进而实现算子的并行化。

（1）空间索引扩展

基于空间分布式索引的数据组织，主要是将元数据集合 M{mi}、空间元数据集合 mS{dmi}、元数据索引 Mn、空间元数据索引 Mi、索引集合 In{xi}、空间索引集合 Sn{sni} 与空间数据集 S{ni} 进行集成，使其成为一个完整的空间大数据存储生态链。

（2）空间数据划分方法

采用数据划分方法实现任务并行算法，数据划分的优劣直接影响并行算法的效率。传统的数据划分方法主要采用哈希划分方法，而由于空间数据的复杂性、空间性和关联性，传统数据的划分方法会导致计算节点之间的负载不均衡，或者计算过程中由于数据关联性很高需要通信导致网络之间的堵塞。因此，针对空间计算对数据划分的要求不同，采用不同的数据划分方法。

由于时空数据地域的特点，即以行政区域的数据块进行数据的组织与管理，可以认为实际应用中的数据已经是通过行政区域划分后的数据集，在后续的计算过程中仅需按照行政区域数据块即可实现分布式并行计算。按照行政区域数据划分具有以下优点：a. 无须改变以往空间数据的组织与管理方式，可直接参与计算；b. 在其他需要进行数据划分的并行算法中，数据划分耗时较长，特别是随着数据量的增加，耗时呈线性增长，而在林业业务中通过行政区域数据划分的方法已在林业业务数据组织中实现，无须在并行计算的过程中耗时。

然而，空间计算分析中某些分析（如缓冲区分析）以县级行政区域进行计算则耗时较长；有些应用场景中，需要进行"小数据 + 大数据"的分析，如分析某河流（"小数据"）1km 范围内的桉树种植情况，需要调用该河流流经区域内的所有行政区数据（"大数据"），而加载"大数据"将耗费大量的时间。因此，需要进行更加小粒度的数据划分，降低数据的 I/O，实现高效的分布式计算与分析，主要是基于 K–V 模型中的 K 值进行划分，其主要步骤如下：

获取数据集 $S\{s_0, s_1, s_2, \cdots, s_n\}$，其中 s_i 是 K–V 模型中的 V 值，通过 hash 编码对 s_i 进行编码 c_i，则 c_i 是 K–V 模型中的 K 值；

根据数据划分方法对 K 值进行分组，如 K 值在某一范围之内，或者 K 值相等可以分为组 A，则 A 为数据块中的部分空间数据集合 bn。

对于空间数据，如何根据时空要素作为 V 值计算 K 值是研究的重点和难点。利用哈希编码计算地理要素的 K 值不能顾及空间数据空间分布特征，易造成各任务间的计算不均衡，导致并行计算的效率降低。因此，空间大数据可利用空间范围的特征对数据进行分析，即将在某一空间范围内地理要素的 K 值都相同，将相同 K 值地理要素划分至相同的数据块。而能通过空间范围高效地划分数据的方法主要有以下 6 种（图 4-8）：

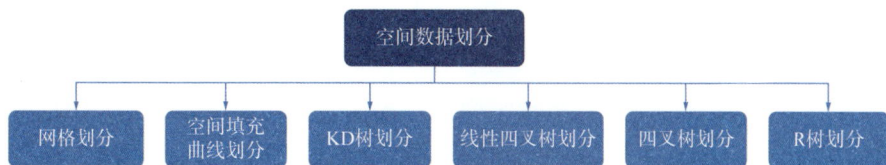

图 4-8　空间数据划分方法

2. 统一调度管理方法

主要实现模型选择、任务调度、资源的统一调度管理，将空间分布式内存计算技术、空间并行计算技术融合。面向不同类型的大数据分析处理应用场景，自动化选取适用的计算模式（图 4-9）：首先，在实际应用中收集各场景的特点，或者确定统一场景在不同计算尺度、不同高性能计算技术下的耗时；其次，根据收集的经验值以及耗时估算模型，自动地根据场景需求、计算尺度来选择合适的计算模式与分析模型；最后，通过统一调度管理模块动态地调度资源，实现场景的高效计算。

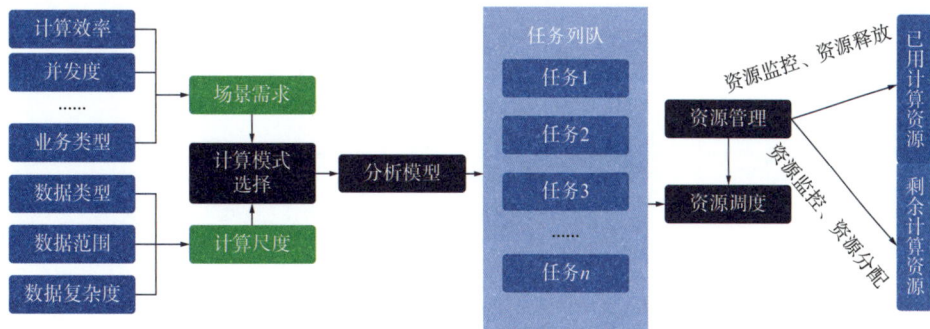

图 4-9　统一调度管理方法

（1）计算模式的选择

①应用场景由业务类型（技术路线）、区域范围和成果输出组成。在应用场景中，区域范围在尺度上具有差异化，且所包含的数据不同，如省、市、县和定制化区域等的各种范围尺度，以及在相同范围尺度上具有的不同数据内容，并且成果输出多样化，如数据成果输出、汇总统计报表输出、专题分析图输出等多类型成果输出；同时，应用场景还有时效性（效率）、成本（人力成本与经济成本）的需求，所以应用场景有业务类型、区域范围（包含数据范围、数据类型和数据存储方式）、成果输出、时效性和成本因素。综合场景的需求时效性、成本、数据范围、数据类型、成果输出以及服务并发度

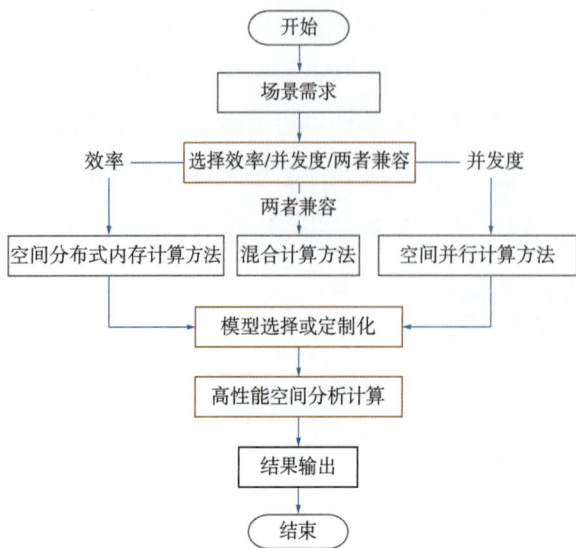

图 4-10　混合计算模式的选择

来选择相应的计算方法。

②在选择好计算引擎的基础上，选择处理该业务的模型或者流程，若适配该计算引擎的业务模型不存在，则需要进行流程定制化。

③将选择好的计算模型或者流程提交给统一调度引擎进行计算。

混合计算模式的选择如图 4-10 所示。

（2）任务调度方法

由于矢量数据具有空间性和非结构化的特点，使得空间并行计算与传统的并行计算不同。矢量数据在空间分布上或者空间形状上具有不规则性和离散性的特点，各矢量目标进行空间分析计算量差异较大，所以在进行数据划分和任务划分时需顾及矢量数据的空间分布特征及其参与空间分析的计算量。因此，基于矢量数据的空间算法在并行化的过程中，通过空间数据划分将空间计算的任务分解，在任务分解的基础上进行再一次的任务划分，实现空间并行计算的计算负载均衡和任务负载均衡。并行调度算法流程如图 4-11 所示。

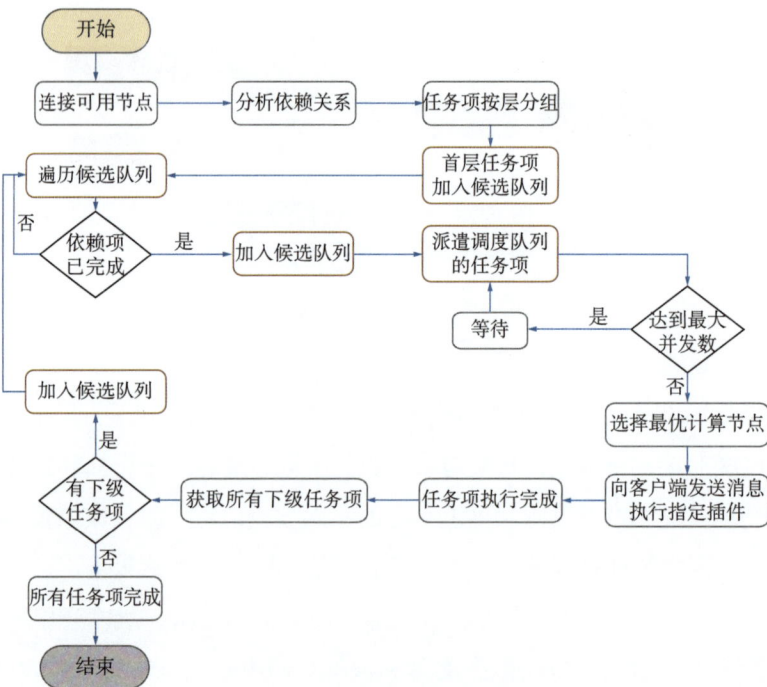

图 4-11　并行调度算法流程图

林业时空大数据挖掘与应用

3. 计算模型衔接方法

分布式计算的方式主要有两种：a. 数据常驻内存进行服务，b. 数据进行批处理服务。第一种方式中不同的模型之间通过内存或者硬盘进行数据交换，第二种方式中不同模型之间主要通过硬盘进行数据交换。并行计算主要采用批处理的服务方式，不同模型之间的数据共享或者交换通过硬盘缓存。由于分布式计算和并行计算面对的场景不同，或者场景需要多个计算方法才能满足，如何实现分布式计算和并行计算之间的有效衔接与协同是关键。目前，设计主要是通过牺牲 I/O 效率的方式实现不同计算方法之间的数据共享，而且数据共享中必须实现数据组织方式与数据格式的统一。计算引擎之间的数据交换共享示意如图 4-12 所示。

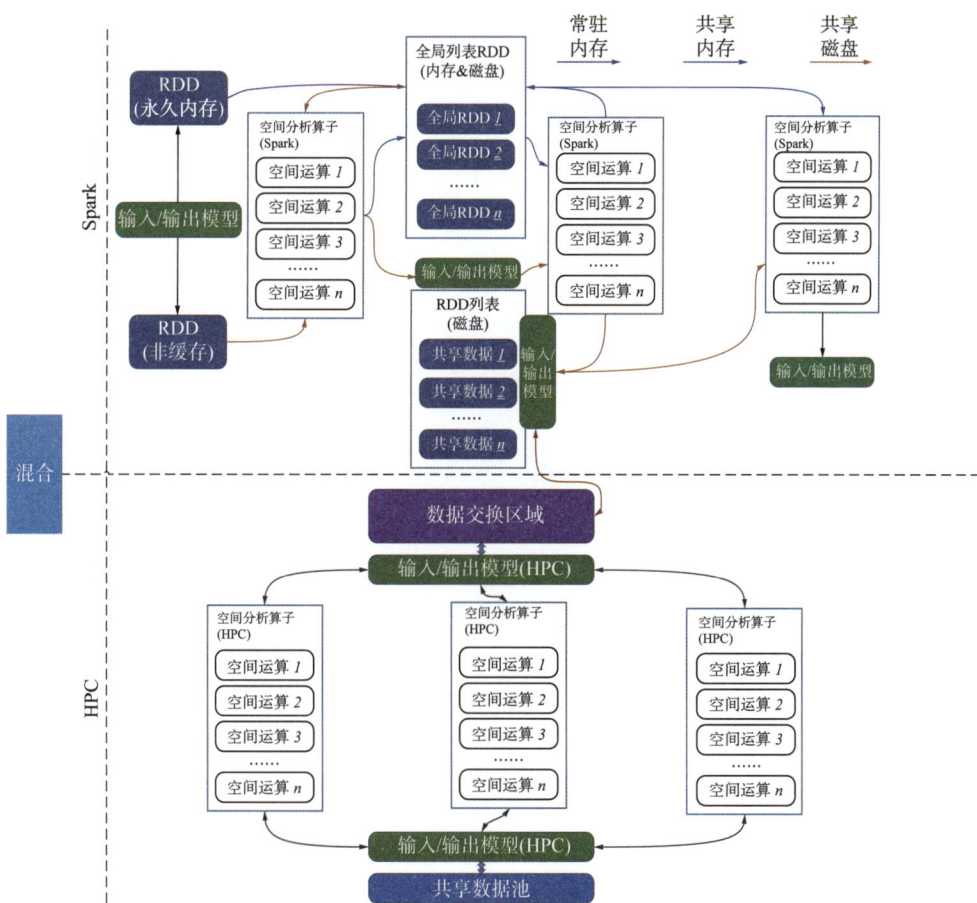

图 4-12　计算引擎之间的数据交换共享示意图

4.3.4　基于知识引擎的多维模型快速搭建技术

基于知识引擎的林业时空数据分析挖掘技术通过对森林火灾、病虫害防治、资源保护、营造林选址与改造、森林资源抚育、用林改造等领域的知识和经验模型进行标准化封装，形成可并行分布式部署的知识服务容器，并且应用流程化引擎对知识服务进行再组合，满足各种类型的林业应用和不同行政部门的分析挖掘需求。基于知识引擎的应急空间数据分析挖掘技术架构如图 4-13 所示，从下至上由知识模型、知识服务和知识引擎组成。

知识模型层提供各类分析挖掘算法和工具，包括基础模型库和业务模型库。知识服务层对知识模型进行封装，包装成知识模型插件，结合容器技术形成标准化、可分布式部署的知识服务容器。知识引擎将知识服务注册到流程引擎，通过流程设计器提供的可视化定制界面，对知识服务进行再组合，形成分析挖掘知识链。

基于知识引擎的多维模型快速搭建技术主要应用于林业时空大数据分析挖掘应用系统中。该系统借助知识引擎技术提供的开放式、可扩展的应用构建技术，能够方便地集成新的分析挖掘算法和工具。借助流程设计器，用户可方便地在图形界面上自主组装分析挖掘模型，满足多样的分析挖掘需求，真正实现交互式挖掘。流程调度引擎对分析挖掘的计算过程进行调度和监控，并在用户界面实时反馈分析挖掘模型运行状态。集成知识引擎技术的时空大数据分析挖掘系统，可实现从知识模型化到知识服务化、从知识服务化到知识流程化的进化，帮助用户方便高效地实现大数据分析挖掘目标。

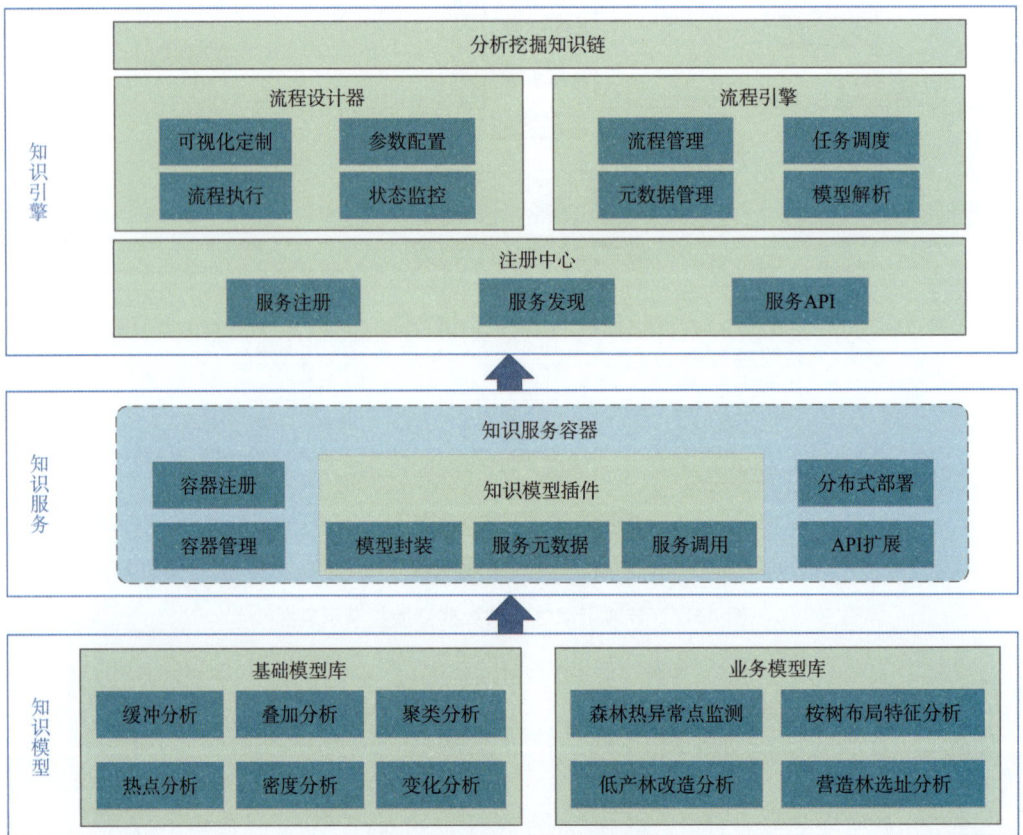

图 4-13 知识引擎技术框架

4.3.5 交互式跨终端可视化技术

交互式跨终端可视化技术提供图形操作界面，用户可自由地组装二维三维地图组件、图形表格组件和多媒体音视频组件，提供了"所见即所得"的交互式可视化体验。交互式跨终端可视化技术的框架如图 4-14 所示，其核心是一套"交互式可视化图形界面 + 林业时空数据可视化引擎"。

交互式可视化图形界面充分利用现代 Web 技术，构建可拖拽、组件化、操作实时响应的富交互式体现。用户可选择丰富的二维三维地图组件、图形表格组件和多媒体音视频组件，对海量林业时空大数据挖掘成果进行多维度、多形式的多样化表达，达到全面多角度刻画数据的目的。数据可视化引擎将交互式可视化图形界面生成的可视化场景配置文件，渲染成适配多终端的大数据可视化成果。可视化引擎采用 WebGL 并发绘制技术，充分利用 GPU 在图形绘制上优势，高效率地实时渲染成果数据。

交互式数据可视化技术主要应用于林业时空大数据挖掘应用系统的可视化模块中，该模块大大降低了林业时空大数据可视化的难度，系统操作简单，用户只需通过拖拽式的数据接入、数据分析流程设计、可视化方案设计、可视化成果发布 4 步操作，即可按需生成可视化成果，生成的可视化成果可在大屏、电脑、平板、手机等跨终端展示。

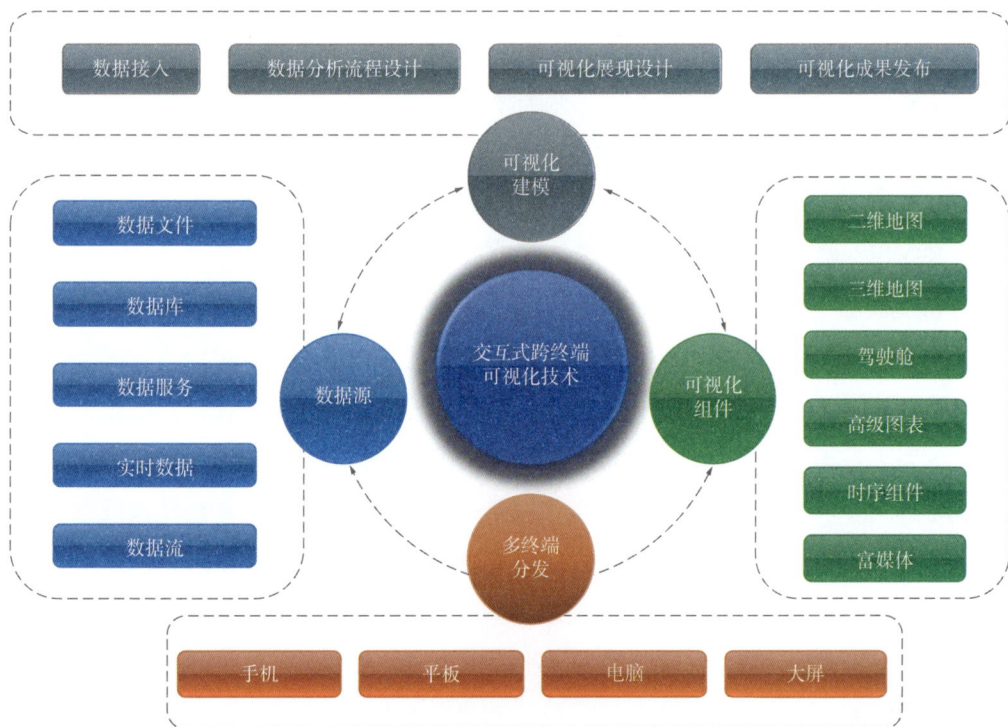

图 4-14 交互式跨终端可视化技术框架

2017 年 6 月 1 日起正式实施的《中华人民共和国网络安全法》第十条，要求建设、运营网络或者通过网络提供服务，应当采取技术措施和其他必要措施，维护网络数据的完整性、保密性和可用性。广义的数据安全技术是指一切能够直接、间接地保障数据的完整性、保密性、可用性的技术。这包含的范围非常广，如传统的防火墙、入侵监测、病毒查杀、数据加密等都可纳入。狭义的数据安全技术则直接围绕数据的安全防护技术，主要指数据的访问审计、访问控制、加密、脱敏等方面。

林业时空数据按照数据形态，划分为结构化、半结构化和非结构化，且数据类型多来源、多时相。随着林业信息化的快速发展，林业数据生命周期已由传统的单链条形态逐渐演变成为复杂的多链条形态，数据应用场景和使用角色更加多样化。海量多源数据在当前林业系统复杂的应用环境下，快速汇聚于林业一体化资源池，展示或深度应用于指定平台，服务于数据提供者、数据运营者或其他科研企事业单位，那么在此过程中，保障林业时空数据安全和用户个人数据安全，强化数据安全防护则是数据环境、系统环境下的重要需求。

1. 数据加密

数据加密基于加密算法和合理的密钥管理，根据数据保密分级，采用选定的加密算法，如最新的 MD5 加密算法，有选择性地加密敏感内容，以保护数据内部敏感信息的安全。敏感信息以密文的形式存储，只有拥有特定密钥的授权用户可以解密密文并恢复原始数据，因此当数据发生泄漏或被非法窃取时，敏感数据仍然是安全的。在林业时空大数据实际服务于挖掘应用的过程中，现有常见的加密技术可以根据需求和应用场景进行组合和应用，确保数据在存储、传输和处理过程中的安全性和保密性。

2. 数据脱敏

数据脱敏是将涉密或敏感数据按照敏感数据的公开表示规定或使用规定等要求，变形、过滤、删除涉密或敏感信息内容，形成可在非涉密网络环境中使用的数据，是应用最广泛的隐私保护技术。林业时空数据挖掘应用过程中，对于具有空间涉密信息的时空数据脱密通常要求降低空间精度，对空间位置进行精度处理，使其达到国家规定可公开的空间位置精度。对于空间数据所携带的可能涉密的属性信息则需要进行删除或模糊化处理。目前，实现脱敏可采用的算法较多，但可用性和隐私保护的平衡是关键，既要考虑系统开销，满足应用需求，又要兼顾最小可用原则，最大限度地保护数据隐私。

3. 访问控制

访问控制是根据事先设定的规则和策略，对系统中的资源（如数据、文件、网络等）进行限制和管理，确保只有经过授权的用户或系统能够访问这些资源。

用户访问控制是用来防止数据库中的数据被非法访问的方法、机制和程序，通常根据不同用户的业务特点和数据使用范围不同，同时兼顾数据资源的共享和数据资源的安全特点，访问数据的数据库用户和权限管理，采取读访问控制和读取 / 写入访问控制对数据库进行访问控制，并有效管理用户口令，特别是对 dba、sys 和 system 等特殊的用户进行有效管理。

网络访问控制将局域网划分成 4 个区域：数据服务区、核心数据区、前置区、管理区，并实现相应的访问控制，网络访问控制方法包括入网访问控制、网络权限限制、目录级安全控制、属性安全控制、网络服务器安全控制、网络监测和锁定控制、网络端口和节点的安全控制。

4. 数据安全审计

数据安全审计可对信息系统、网络设备、数据存储设备等进行多方位的安全性评估和检查，以发现存在的安全漏洞和风险。进行审计追踪可以有效地防止对业务交易、系统参数、用户数据的篡改操作，并在检测异常行为和定位问题原因时起到关键作用。通过审计日志追踪用户的登录时间、用户将数据输入系统的时刻、与用户输入数据有关的信息或结果等；记录系统的网络运行状况，帮助用户对系统安全进行实时监控，及时发现整个网络上的动态，发现网络入侵和违规行为，忠实记录网络上发生的一切，提供取证手段。当出现网络问题和异常时，进行故障分析和故障定位，还可以作为调查取证依据，为取证和分析问题发生原因提供线索，并且可以监视和收集关于指定数据库活动的数据。

5. 数据泄漏防护

数据泄露防护（Data Leakage Prevention，DLP）旨在避免敏感数据被未经授权的用户访问、泄露、篡改或窃取。数据泄露防护的安全措施和策略应该覆盖林业时空大数据从数据采集、存储、传输到分析处理的整个数据生命周期。数据泄露防护措施可通过数据库加密实现核心数据加密存储；可以通过数据库防火墙实现批量数据泄漏的网络拦截；当防火墙还不能完全满足安全防御需求时，如因 DDoS 攻击、木马攻击，则需采用网络入侵检测系统分析可疑的入侵行为；另外，也可以通过数据脱敏实现外发敏感数据的匿名化。

6. 数据库安全防护

数据库安全防护是指采取措施保护数据库免受未经授权的访问、恶意攻击、数据泄露等威胁的过程。时空大数据的数据库安全控制主要应从系统安全性、数据安全性、网络安全性 3 个方面进行。确保数据存储、数据传输及密钥管理等方面的安全性，以及无授权情况下数据处理与加工系统中任何数据不被下载、复制；满足系统数据对不同级别、不同权限用户的合理使用需求，使系统正常运行、不被非法入侵、不受外界破坏；在系统出现故障造成数据的破坏时，能及时通过系统数据的备份与恢复策略进行数据恢复，从而保障系统数据的准确无误和系统的稳定运行。

7. 网络安全防护

网络安全防护从其本质上来讲就是网络上的信息安全，网络安全涉及网络上信息的保密性、完整性、可用性、真实性和可控性等，网络安全建设的目标是维护用户网络活动的安全性。林业时空大数据存储及挖掘过程应遵循信息系统网络安全主要涉及的方面，包括网络结构安全、物理线路隔离、网络访问控制、网络安全风险评估、边界完整性检查、恶意代码防范及网络设备防护七大类安全控制。

8. 程序控制安全

程序控制安全主要包括剩余信息保护、软件容错、资源控制。剩余信息保护的目的是防止非授权的用户通过提取授权用户残留的鉴别信息、文件、目录或数据库记录等资源进行非法登入系统、非法读取数据等操作。软件容错是系统在发生故障时仍能持续运行的技术，为保障较高的可用性，数据挖掘过程中重要的应用软件系统应具有容错功能。资源控制保证用户能够正常地使用资源，防止服务中断，系统可根据需要设置最大的并发连接数，限制请求账户的最大资源，在服务器中进行控制，保证服务器资源的有效使用。

第 5 章

林业时空大数据挖掘应用系统

面对海量、高价值的林业数据资源，为进一步挖掘和释放其潜在价值，建立"用数据说话、用数据决策"的林业资源管理决策服务新模式，可利用合适的挖掘算法，结合大数据、人工智能、云计算、可视化等关键技术，对林业数据进行全面深入的挖掘分析，以发现隐藏的数据信息，为林业资源保护、规划用途管理、资源监测监督等态势研判和辅助决策提供有力支撑。

本章结合前文对时空大数据挖掘基本方法、建模框架以及林业时空大数据挖掘技术实践的分析，基于现有工作，设计并开发林业时空大数据挖掘应用系统。为满足林业业务应用分析和信息挖掘需求，先从系统总体框架、研发技术路线等方面进行整体框架设计，再对各模块的功能、技术架构、界面进行详细设计，该系统逻辑上划分为基础挖掘分析模块、业务挖掘分析模块、任务管理模块、成果集成展示模块和挖掘应用数据库建设等，用以支撑林业时空大数据挖掘作业和展示分析应用。

5.1　系统总体设计

5.1.1　设计原则

林业时空大数据挖掘应用系统的总体设计原则是：在保持自身独特优势的同时，充分吸取其他分析挖掘应用工具在建设和运行中的成功经验和成熟技术，且遵循安全性、前瞻性、实用性、高效性、可扩展性等原则。具体设计原则如下。

1. 安全性原则

针对林业业务部门工作特点，结合林业监测、保护、修复、防治等业务需求，从方案设计到系统开发等各个环节都始终贯穿安全性原则。做好资料、文档、软件等保密工作，做到谁使用谁负责，严防外泄。

2. 前瞻性原则

面向林业大数据分析应用需求，瞄准大数据技术未来的发展方向，积极探索新算法、新模型应用，使用预留接口等方式，增强系统的扩展性和灵活性，保证系统在相当长一段时间内技术上"不过时"。

3. 实用性原则

系统设计上充分考虑林业各业务层级、各环节管理中数据处理的便利和可行，把满足林业不同层级用户使用方便作为重要考虑要素，增强系统实用性设计。

4. 高效性原则

充分分析系统各计算环节的瓶颈，针对复杂计算任务采用集群并行计算模式，实现高效的任务调度和执行，最终确保系统在运行过程中实现各环节数据的快速处理。

5. 可扩展性原则

系统设计采用标准的、可扩展的、模块化的软硬件体系结构，使得应用系统在业务变化或增加后能够容易和快速地扩展，并充分保证系统的稳定性。

5.1.2 总体框架设计

1. 运行环境

系统软硬件需求配置见表 5-1。

表 5-1　系统软硬件需求配置

硬件	配置	部署服务 / 软件
服务器（部署大数据分析挖掘服务）	操作系统：Windows server 2012 CPU：16 核，主频 2.4GHz 内存：64GB 硬盘：10TB 网卡：千兆网	锁驱动：HASPUserSetup Java 环境：jdk1.8.0_161 后台服务：大数据分析挖掘服务
服务器（部署分析挖掘模型库、归档服务）	操作系统：Windows server 2012 CPU：16 核，主频 2.4GHz 内存：64GB 硬盘：10TB 网卡：千兆网	锁驱动：HASPUserSetup Java 环境：jdk1.8.0_161 后台服务：数据归档服务 数据库：postgreSQL 14

2. 逻辑架构设计

林业时空大数据挖掘应用系统采用组件插件化、多层架构的设计方式，可有效地提高系统的可扩展性和稳定性。系统逻辑架构共分为 5 层，分别为基础设施层、数据层、组件服务层、业务应用层和用户层。各层需遵循相应的管理规范和技术标准，并执行相关的数据管理策略和安全保障制度。系统逻辑架构设计如图 5-1 所示。

（1）基础设施层

基础设施层是支撑系统运行的硬件设备和软件环境，硬件设备包括数据处理计算设备、磁盘存储设备、网络设备、安全设备、终端设备等；软件环境包括操作系统、数据库、网络安全系统等。

（2）数据层

数据服务层主要是工具运行所需的数据资源，主要分为公共基础数据、林业基础数据、林业专题数据以及林业综合数据，负责数据的存储、管理和处理，包括数据源、数据存储、数据处理等部分。数据管理策略和安全制度在这一层得到保障，以确保数据的完整性、准确性和安全性。

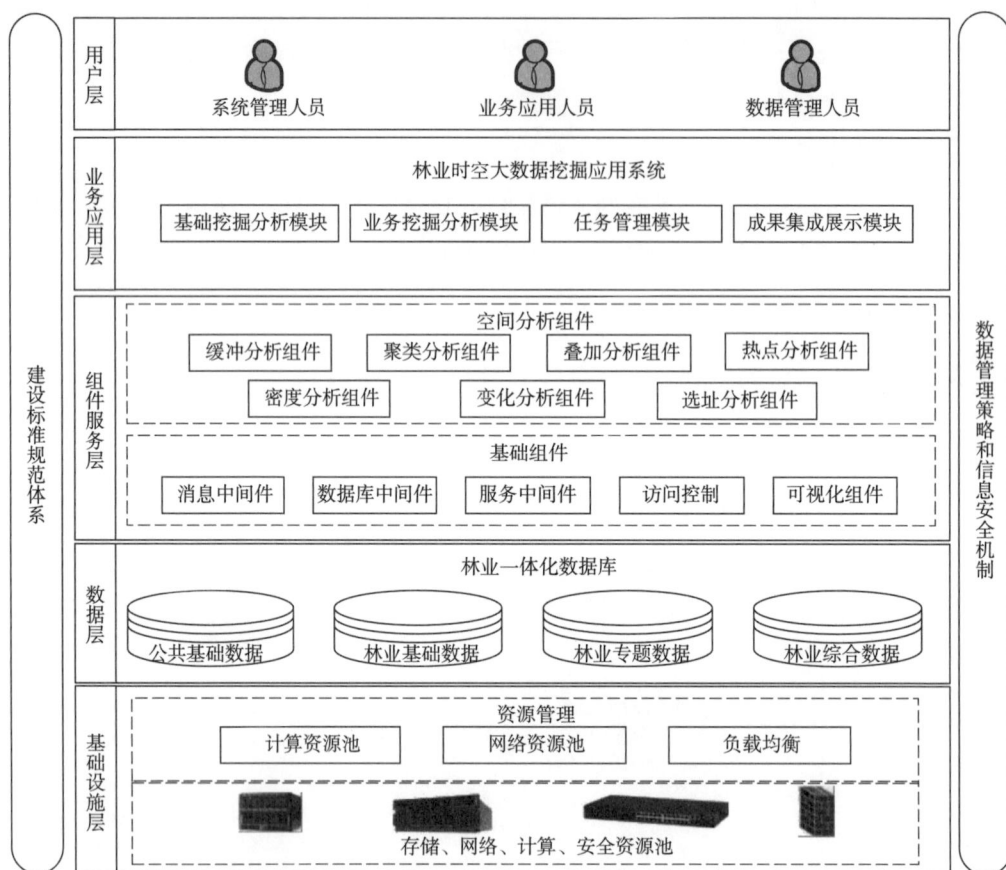

图 5-1　系统逻辑架构设计

（3）组件服务层

组件服务层以服务化组件提供林业时空大数据分析挖掘所需的基础组件和空间分析组件，基础组件主要包括消息、数据库等中间件和可视化组件等；空间分析组件以分析模型为核心，主要包括缓冲分析、聚类分析、叠加分析、热点分析、密度分析、变化分析和选址分析。

（4）业务应用层

业务应用层通过对各功能组件的集成应用，形成林业时空大数据挖掘应用系统，实现在线的林业时空大数据分析挖掘和分析结果集成展示。这些业务功能基于组件服务层提供的组件和服务实现。

（5）用户层

用户层可以实现系统与用户之间的交互与服务，负责处理与用户交互的相关逻辑，包括系统管理人员、业务应用人员和数据管理人员。

3. 部署架构设计

根据业务应用要求，林业时空大数据挖掘应用系统需部署于局域网环境，建议分配两台应用服务器用于分析挖掘系统部署，部署内容包括 NAS 存储设备、核心交换机、万兆交换机、分析挖掘模型库和分析挖掘服务器。总体部署架构如图 5-2 所示。

4. 业务流程设计

林业时空大数据挖掘应用系统面向森林资源监测、生态保护修复、野生动植物管理、防治检疫、森林火灾预防等林业业务典型场景，构建缓冲

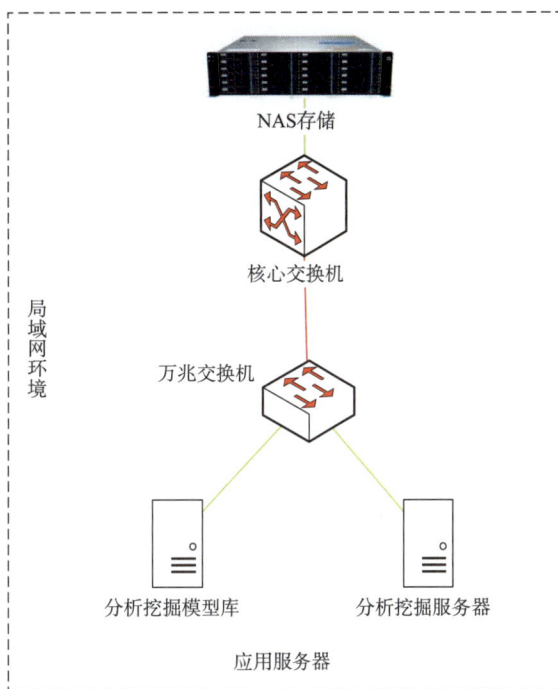

图 5-2　总体部署架构

分析、聚类分析、叠加分析、热点分析、密度分析、变化分析等基础分析应用，以及林地林分改造、森林病虫害防治、森林热异常点识别等业务分析应用。总体业务流程如图 5-3。

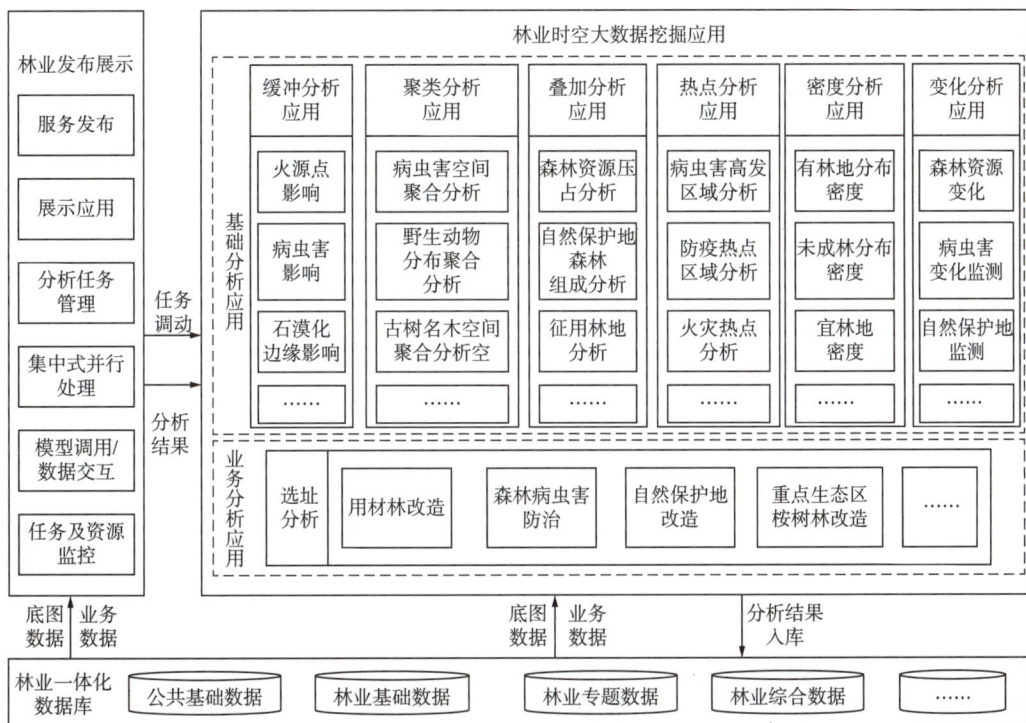

图 5-3　总体业务流程

研发技术路线

根据建设目标和业务特点，制定林业时空大数据挖掘应用系统的技术路线，具体包括需求调研与业务分析、分析模型设计、应用系统研发、部署测试、试运行与培训、系统验收、系统维护等环节，通过有效梳理业务场景和用户需求，形成可指导模型研发的设计文件。系统研发总体技术路线如图5-4。

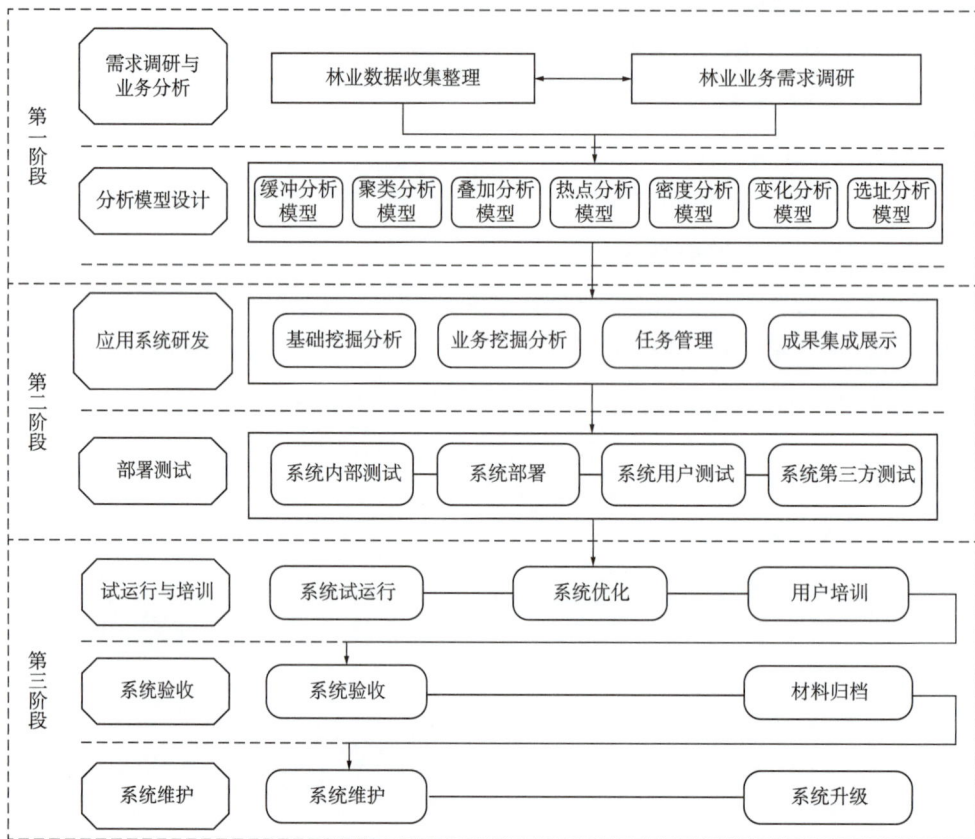

图5-4　研发技术路线

5.2　基础挖掘分析模块

为有效开展林业时空大数据的分析挖掘，可构建一系列使用频率高、适用范围广的大数据基础挖掘分析模块，内容包括缓冲区分析、聚类分析、叠加分析、热点分析、密度分析以及变化分析等模型，各模型具体功能、模型设计和系统界面如下。

5.2.1 缓冲分析模型

1.功能概述

缓冲分析是以实体数据为基础，在周围自动建立指定距离的缓冲区多边形图层，然后通过该图层与目标图层进行分析得到所需结果，可用于解决林业邻近度方面的问题。

2.模型设计

缓冲分析模型是通过输入点、线、面等实体数据，在某一分析对象周围某一指定距离内创建静态缓冲区多边形，进而识别对其周围地物的影响度。缓冲分析模型设计见表5-2。

表 5-2　缓冲分析模型设计

模型名称	缓冲分析
模型描述	在输入要素周围某一指定距离内创建缓冲区多边形，输入输出数据均为矢量数据
输入参数	点/线/面要素、缓冲距离、缓冲单位、空间范围
处理流程	①输入缓冲分析要素；②设置空间范围；③设置缓冲距离；④设置缓冲单位；⑤设置缓冲类型：测类型包含双侧缓冲、左侧缓冲、右侧缓冲、内侧缓冲、外部缓冲等；末端类型包括圆形或矩形；⑥设置缓冲环数；⑦设置融合类型（相邻区域是否融合）；⑧执行缓冲计算；⑨符合要求，则输出缓冲区，不符合要求则调整参数重新计算
输出	缓冲范围图层数据（面要素）
约束说明	成功：得到正确的分析结果；失败：分析失败；取消：取消缓冲分析
备注	①基于点要素的缓冲以点为圆心，以缓冲区距离为半径绘制圆，所包容的区域即为缓冲区；②基于线要素的缓冲以边线为参考线作其平行线，并考虑端点处的建立原则，形成缓冲区；③基于面要素的缓冲方法与线状要素建立缓冲区的方法类似

处理流程的流程图：

3. 系统界面

缓冲分析界面设计如图 5-5 所示。

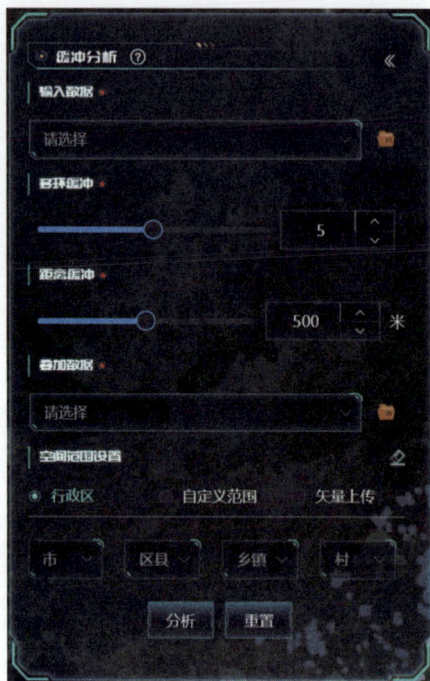

图 5-5　缓冲分析界面设计

▶ **5.2.2** 聚类分析模型

1. 功能概述

聚类分析是将地理空间中的一组对象进行分组，使得同一聚类中的对象在空间上具有较高的相似性，而不同聚类之间的对象具有较大的差异，可应用于森林灾害预防、野生动植物保护、珍贵名木保护等领域。

2. 模型设计

聚类分析模型根据数据特点和聚类目标，设置分析字段、字段属性、统计指标、统计类型、分析维度、分组数量等参数，自动输出聚类分析结果。聚类分析模型设计见表 5-3。

表 5-3　聚类分析模型设计

功能名称	聚类分析
模型描述	将物理或抽象对象的集合分组为由类似的对象组成的多个类，然后根据用户指定的条件，输出聚类分析结果
输入参数	点 / 面要素、字段属性、分析维度及分组

处理流程	①输入聚类要素； ②设置分析字段； ③设置分析属性值； ④设置统计指标（个数、面积等）； ⑤设置统计函数［计数、面积计算（求和、平均值、最大值、最小值等）］； ⑥设置分析维度（以各级行政区划为分析维度）； ⑦输入聚类分组的组数； ⑧执行聚类分析； ⑨符合要求，则输出聚类结果，不符合要求则调整参数重新分析

流程图：开始 → 输入聚类要素 → 聚类参数设置（分析字段设置、分析属性值设置、统计指标设置、统计函数设置、分析维度设置、分组数量设置）→ 执行聚类分析（统计指标计算、按分析维度聚类分组）→ 结果符合要求？（否：返回；是）→ 输出结果 → 结束

输出	要素分组图层数据，包含指标统计结果
约束说明	成功：得到正确的分析结果； 失败：分析失败； 取消：取消聚类分析
备注	无

3. 系统界面

聚类分析界面设计如图 5-6 所示。

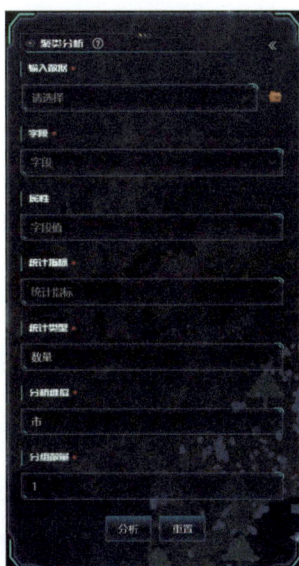

图 5-6　聚类分析界面设计

1. 功能概述

叠加分析是将两个空间地理图层进行组合，通过对不同图层中的要素进行几何运算和属性合并，揭示不同地理要素之间的空间关系和产生新的空间地理信息，可应用于林业资源管理、林地利用规划、林业生态修复等领域。

2. 模型设计

叠加分析模型在统一空间参考系统下，根据分析目的和数据特点，选择合适的叠加分析类型，再根据用户指定的条件，查找具有某一特定组属性值的特定位置或区域，输出分析结果。叠加分析模型设计见表 5-4。

表 5-4 叠加分析模型设计

模型名称	叠加分析
模型描述	分析任意两个空间图层，然后根据用户指定的条件，统计具有某一特定组的结果并以可视化表格进行展示，输出叠加分析结果
输入参数	要素、筛选条件、叠加要素、空间范围
处理流程	①选择叠加分析； ②选择输入要素； ③选择叠加分析数据（二维矢量数据或 DEM 数据）； ④设置属性筛选条件； ⑤设置空间范围（按行政区划 / 自定义范围）； ⑥执行叠加分析操作； ⑦输出叠加分析结果 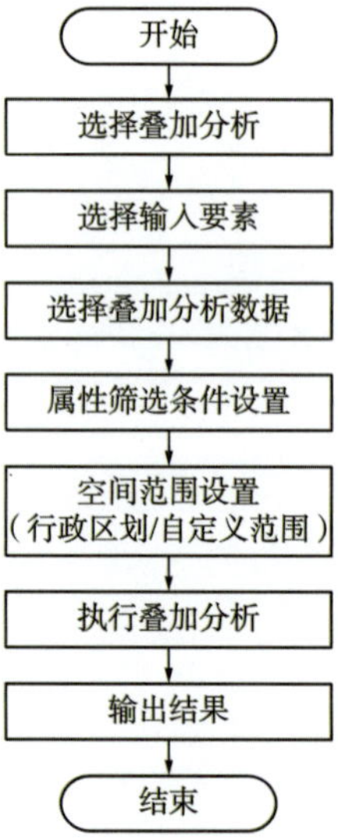
输出	叠加分析要素图层
约束说明	成功：得到正确的分析结果； 失败：分析失败； 取消：取消叠加分析
备注	输入要素与叠加数据，按照设置的空间范围进行叠加运算和裁切处理，保留输入数据在空间范围内的部分，并更新图斑面积属性

3. 系统界面

叠加分析界面设计如图 5-7 所示。

图 5-7　叠加分析界面设计

5.2.4　热点分析模型

1. 功能概述

热点分析是对数据集中的每一个要素计算，统计特定属性的高值或低值要素在空间上发生聚类的位置，可用于解决森林病虫害防治、森林火灾预防、林分优化提升等资源分配类型的问题。

2. 模型设计

热点分析模型通过热点数据及分析字段和属性值，设置聚合条柱，识别具有统计显著性的高值（热点）和低值（冷点）的空间聚类，输出值以 z 值和 p 值字段形式保存。热点分析模型设计见表 5-5。

表 5-5　热点分析模型设计

模型名称	热点分析
模型描述	发掘数据特征在空间模式上是否存在任何统计显著性聚类，然后根据用户指定的条件，输出热点分析结果
输入参数	点/面要素、字段属性、聚合条柱
处理流程	①输入热点数据及分析字段和属性值； ②协调聚合条柱； ③将点数据按照条柱格网重新聚合为新的待分析图层，每个条柱的 count 值代表落入的点数，这代表了事件数； ④设置空间分析范围（按行政区/自定义范围/创建分析网格）； ⑤热点分析计算：计算每个分区的标准差倍数（ZScore）、概率值（PValue）和置信区间（Gi_bin），并将结果以属性的形式附加到条柱格网图层； ⑥输出热点分析结果

处理流程	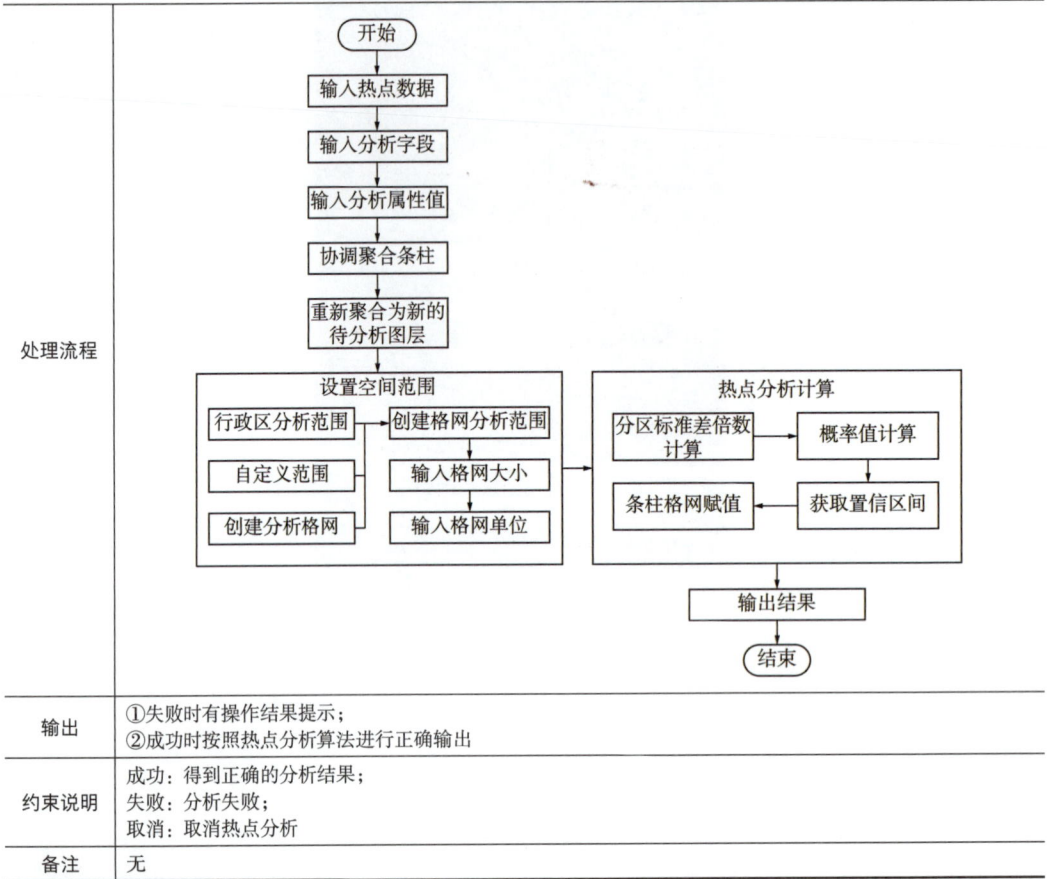
输出	①失败时有操作结果提示； ②成功时按照热点分析算法进行正确输出
约束说明	成功：得到正确的分析结果； 失败：分析失败； 取消：取消热点分析
备注	无

3. 系统界面

热点分析界面设计如图 5-8 所示。

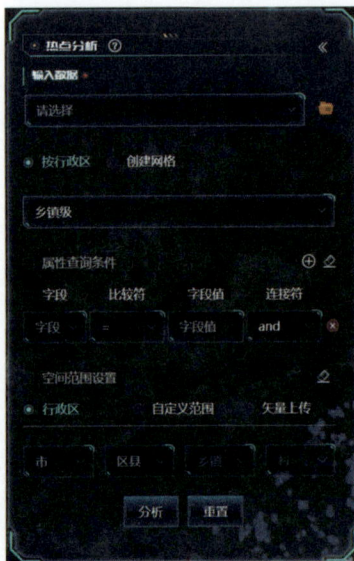

图 5-8　热点分析界面设计

5.2.5 密度分析模型

1. 功能概述

密度分析是根据要素数据集计算整个区域的数据集状况，从而产生一个连续的密度表面，分布密度的计算方法有点密度分析、线密度分析和核密度分析 3 种，通过地理区域上的分布情况，分析聚集现象，可应用于野生动植物保护、林地保护利用、生态保护修复等领域。

2. 模型设计

密度分析模型通过输入离散点数据或者离散线数据，选择不同的分析方式，在核密度分析中，根据不同权重在各点周围生成表面，在点、线密度分析中，根据相同权重，计算得到每个点的密度值。密度分析模型设计见表 5-6。

表 5-6　密度分析模型设计

模型名称	密度分析
模型描述	将离散点数据或者线数据进行内插，根据插值原理不同，进行核密度分析和普通的点、线密度分析，然后根据用户指定的条件，输出密度分析结果
输入参数	分析要素或图层、字段、密度分析方法
处理流程	①输入密度分析要素；②设置要素空间、属性筛选条件；③判断输入要素的类型，进行类型转换；④设置 Population 字段、输出像元大小、邻域分析、面积单位等参数；⑤执行密度分析，输出分析结果
输出	①失败时有操作结果提示；②成功时按照密度分析结果正确生成

约束说明	成功：得到正确的渲染结果； 失败：分析失败； 取消：取消密度分析
备注	无

3. 系统界面

密度分析界面设计如图 5-9 所示。

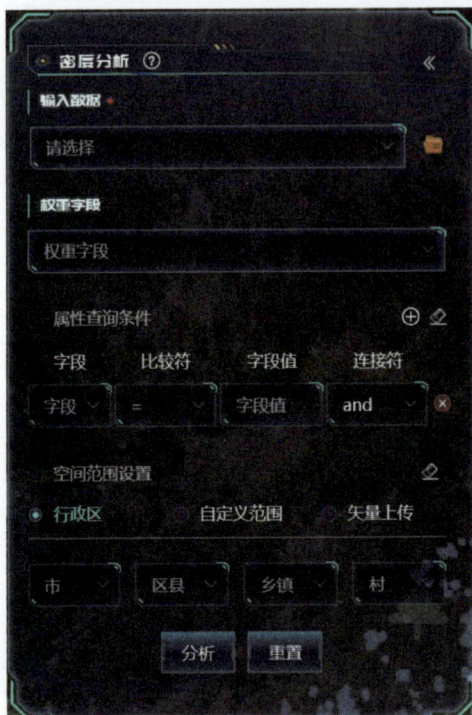

图 5-9　密度分析界面设计

5.2.6　变化分析模型

1. 功能概述

变化分析一般是通过不同时相矢量或栅格数据的比较，得到发生变化的特征分布，不同类型的数据需用到不同的分析方法，可应用于林地利用变化、森林灾害预防、生态保护修复等领域。

2. 模型设计

变化分析模型通过对比任意时间序列数据在空间和属性上的差异，设置变化分析时间跨度、粒度、范围，自动输出变化分析结果。并通过大数据可视化表达技术在前端通过表格和图形的形式进行成果综合集成展示。变化分析模型设计见表 5-7。

表 5-7 变化分析模型设计

功能名称	变化分析
功能描述	根据输入数据类型，然后根据用户指定的条件，分析任意时间序列下、任意粒度下、任意范围内空间数据的变化，输出变化分析结果
输入参数	数据图层、时间、粒度、范围等
处理流程	①输入变化分析数据； ②确定变化分析的时间跨度； ③确定变化分析的粒度； ④确定变化分析范围：按行政区划指定、按自定义范围、按上传 shp； ⑤针对任意时间序列变化分析，得到流量、流向分析结果； ⑥最后将分析得到的流向信息与流量信息通过大数据可视化表达技术在前端进行成果综合展示 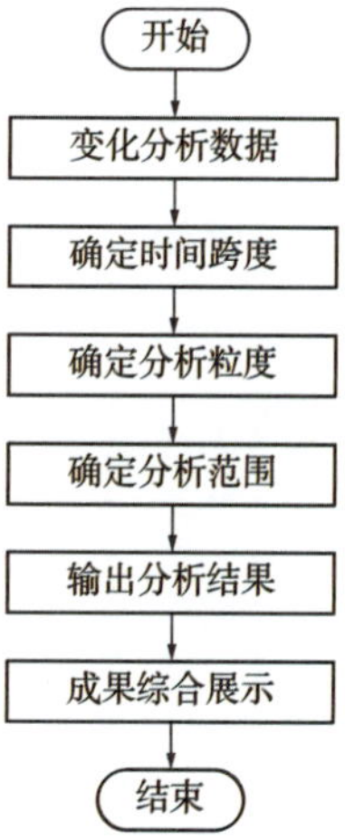
输出	①失败时有操作结果提示； ②成功时按照变化分析结果正确生成
约束说明	成功：得到正确的渲染结果； 失败：分析失败； 取消：取消变化分析
备注	无

3. 系统界面

变化分析界面设计如图 5-10 所示。

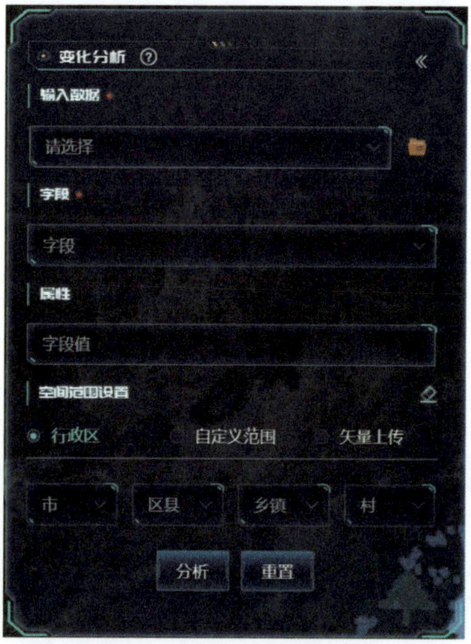

图 5-10 变化分析界面设计

业务挖掘分析模块是针对复杂的林业业务需求，选取典型应用场景，根据不同的挖掘目标，组合集成相关挖掘方法构建而成，挖掘方向包括森林热异常点识别、森林火灾火烧迹地提取、病虫害防治、低效林改造、自然保护地质量精准提升、重点生态区桉树林改造等，其具体功能、模型设计和系统界面如下。

5.3.1 森林热异常点识别

1. 功能概述

森林热异常点识别是针对森林火灾预防需求，利用红外遥感影像特性，采用辐亮度温度法、劈窗法集成叠加分析等，迅速准确探测火点位置，并对火点数据进行提取及分析，为火情火险的预警监测提供数据支撑和决策依据。

2. 模型设计

森林热异常点识别模型首先利用高光谱遥感影像、森林资源数据，设置重点区域，采用辐亮度温度法判断潜在火点像元，利用劈窗法识别并筛选背景火点像元，经过筛选排查输出火点数据。再将输出的火点数据与森林资源调查数据进行叠加分析，筛选落入林地的火点数据。最后以地图和统计图表的形式展示森林热异常点识别结果。森林热异常点识别模型设计见表5-8。

表5-8　森林热异常点识别模型设计

模型名称	森林热异常点识别
模型描述	输入高光谱遥感影像和森林资源数据，通过辐亮度温度法、劈窗法集成叠加分析模型，输出有火点的林地及其数据统计
输入参数	分析场景、分析数据、分析方法、重点区域等
处理流程	①选择分析场景；②输入分析数据；③设置分析方法、重点区域；④遥感影像剔除云和水体；⑤判断潜在火点；⑥绝对火点判别；⑦识别火点像元；⑧林火信息筛选；⑨成果综合展示 开始 → 选择分析场景 → 输入分析数据 → 设置分析方法 → 设置重点区域 → 剔除云和水体 → 判断潜在火点 → 绝对火点判别 → 识别火点像元 → 林火信息筛选 → 成果综合展示 → 结束

输出	①失败时有操作结果提示； ②成功时按照森林热异常点识别模型分析结果正确生成
约束说明	成功：得到正确的渲染结果； 失败：分析失败； 取消：取消森林热异常点识别分析
备注	无

3. 系统界面

森林热异常点识别界面设计如图 5-11 所示。

图 5-11　森林热异常点识别界面设计

5.3.2　森林火灾火烧迹地提取

1. 功能概述

森林火灾火烧迹地提取是在火灾发生后，利用遥感影像特性，采用 NDVI 差值法或特征阈值法集成对比分析和叠加分析等，提取森林火灾发生区域火烧迹地范围及相关统计数据，为森林火灾后灾害评估修复，植被更新与恢复提供数据支撑和决策依据。

2. 模型设计

森林火灾火烧迹地提取模型是以光学遥感影像和火灾区域为基础，通过 NDVI 差值法或特征阈值法以及对比和叠加分析，有效区分火烧区域和非火烧区域范围，输出火烧迹地范围，并采用地图和统计图表的形式展示森林火灾火烧迹地分析结果。森林火灾火烧迹地提取模型设计见表 5-9。

表 5-9　森林火灾火烧迹地提取模型设计

模型名称	森林火灾火烧迹地提取
模型描述	输入遥感影像数据和重点区域，利用影像特性，采用 NDVI 差值法或特征阈值法以及对比和叠加分析，提取森林火灾发生区域的火烧迹地
输入参数	分析场景、分析数据、分析方法、分析区域等
处理流程	①输入分析场景； ②设置分析数据； ③设置分析方法； ④输入分析区域； ⑤迹地矢量化输出； ⑥成果综合展示
输出	①失败时有操作结果提示； ②成功时按照森林火灾火烧迹地提取模型分析结果正确生成
约束说明	成功：得到正确的渲染结果； 失败：分析失败； 取消：取消森林火灾火烧迹地提取分析
备注	无

3. 系统界面

森林火灾火烧迹地提取界面设计如图 5-12 所示。

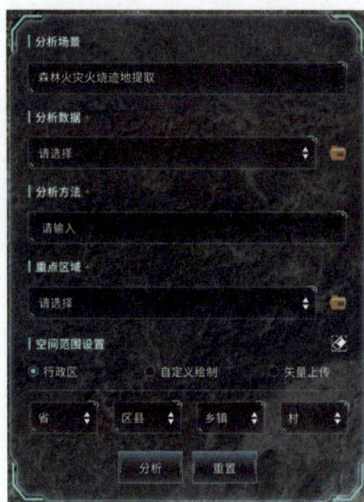

图 5-12　森林火灾火烧迹地提取界面设计

5.3.3　病虫害防治

1. 功能概述

病虫害防治是利用不同时期的病虫害数据，集成聚类分析、热点分析、对比分析和叠加分析等，提取病虫害分布状况和防治改造成效结果，为森林病虫害防治提供数据支撑和决策依据。

2.模型设计

病虫害防治模型是通过不同时期病虫害数据分别与重点生态区域数据进行空间耦合分析，输出落入重点区域的病虫害分布状况和防治改造成效结果，并通过地图和统计图表等形式进行成果综合展示。病虫害防治模型设计见表 5-10。

表 5-10　病虫害防治模型设计

模型名称	病虫害防治
模型描述	输入不同时期的病虫害数据和重点区域范围，通过聚类、热点、对比、叠加等分析，输出病虫害分布状况和防治改造成效
输入参数	分析场景、分析数据、属性条件、空间范围等
处理流程	①输入分析场景； ②设置分析数据； ③输入重点区域数据； ④设置分析属性、空间范围； ⑤输出分析结果； ⑥成果综合展示
输出	①失败时有操作结果提示； ②成功时按照病虫害防治模型分析结果正确生成
约束说明	成功：得到正确的渲染结果； 失败：分析失败； 取消：取消病虫害防治分析
备注	无

3.系统界面

病虫害防治界面设计如图 5-13 所示。

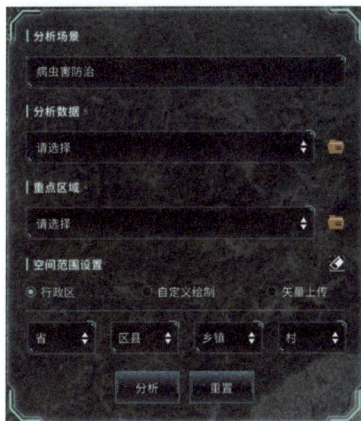

图 5-13　病虫害防治界面设计

5.3.4　低效林改造

1.功能概述

低效林改造是以标准蓄积量值为参照，集成聚类分析和叠加分析等，提取商品林中公顷蓄积低于标准值的近熟林、成熟林和过熟林范围及相关数据，为低效林改造提供决策依据。

2. 模型设计

低效林改造模型是以森林资源调查数据为基础，统计制定区域商品林中近熟林、成熟林、过熟林小班的单位面积蓄积量，再与标准蓄积量值进行比较，输出低于标准值的商品林作为低效林改造区域，并采用地图和统计图表等形式展示低效林改造范围及相关数据。低效林改造模型设计见表 5-11。

表 5-11　低效林改造模型设计

模型名称	低效林改造
模型描述	输入森林资源调查数据，在一定空间范围内，将商品林中的近熟林、成熟林、过熟林的单位面积蓄积与标准蓄积量值对比，获得蓄积量低于标准值的商品林范围作为低效林改造区域
输入参数	分析场景、分析数据、属性条件、改造标准、空间范围等
处理流程	①输入分析场景； ②设置分析数据； ③设置分析属性、空间范围； ④计算近熟林、成熟林、过熟林小班的年亩蓄积量，并设置改造标准； ⑤输出分析结果； ⑥成果综合展示 开始 → 输入分析场景 → 设置分析数据 → 设置分析属性、空间范围 → 设置改造标准 → 输出分析结果 → 成果综合展示 → 结束
输出	①失败时有操作结果提示； ②成功时按照低效林改造模型分析结果正确生成
约束说明	成功：得到正确的渲染结果； 失败：分析失败； 取消：取消低效林改造分析。
备注	无

3. 系统界面

低效林改造界面设计如图 5-14 所示。

图 5-14　低效林改造界面设计

5.3.5 自然保护地质量精准提升

1. 功能概述

自然保护地质量精准提升以森林资源数据为基础，集成叠加分析，提取自然保护地范围内商品林或生态公益林中速生树种小班的分布情况，辅助自然保护地林分改造和森林质量提升。

2. 模型设计

自然保护地质量精准提升模型是通过输入森林资源调查、自然保护地范围、生态公益林等数据，筛选商品林、速生树种小班与自然保护地、生态公益林范围进行叠加分析，输出落入自然保护地内的商品林范围、落入生态公益林范围内的速生树种小班，并以地图和统计图表等形式展示结果。自然保护地质量精准提升模型设计见表5-12。

表 5-12　自然保护地质量精准提升模型设计

模型名称	自然保护地质量精准提升
模型描述	通过森林资源调查数据及自然保护地数据，筛选输出自然保护地范围内商品林和生态公益林中速生树种小班的范围，并将成果综合展示
输入参数	分析场景、改造类型、分析数据、空间范围等
处理流程	①输入分析场景；②选择改造类型；③设置基础数据；④设置分析数据；⑤设置空间范围；⑥输出分析结果；⑦成果综合展示 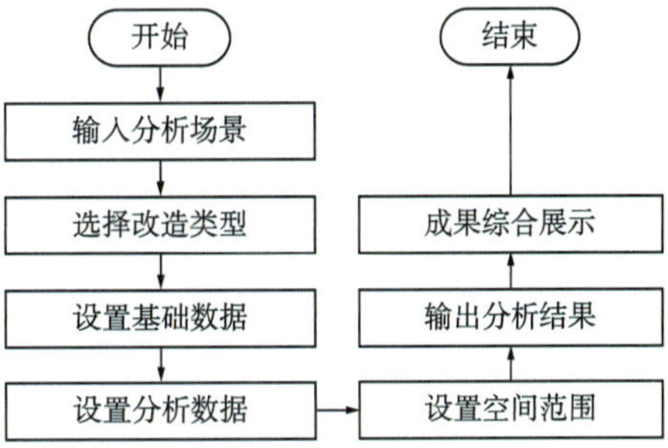
输出	①失败时有操作结果提示；②成功时按照模型分析结果正确生成
约束说明	成功：得到正确的渲染结果；失败：分析失败；取消：取消自然保护地质量精准提升分析
备注	无

3. 系统界面

自然保护地质量精准提升界面设计如图5-15所示。

图 5-15　自然保护地质量精准提升界面设计

重点生态区桉树林改造

1. 功能概述

重点生态区桉树林改造是利用森林资源数据，通过可视域分析、天际线分析集成叠加分析和缓冲分析等，提取重点生态区内需改造的桉树林范围，为优化桉树林布局，加强桉树林改造提供数据支撑和决策依据。

2. 模型设计

重点生态区桉树林改造模型首先根据不适宜种植桉树的相关要求，利用可视域和天际线分析法对主要线性地物和水库进行三维分析，提取禁止种植桉树的空间范围。其次将所有禁止种植桉树的区域和模型计算的禁止种植区域进行图层空间叠加，输出完整的禁止种植桉树范围。最后提取森林资源调查数据中优势树种为"桉树"的小班，与禁止种植桉树结果图层进行空间叠加分析，提取落入禁止种植桉树区域内的桉树林小班，并对跨界的部分进行切分，重新计算被切分小班的椭球面积，输出待改造的桉树林范围。重点生态区桉树林改造模型设计见表 5-13。

表 5-13　重点生态区桉树林改造模型设计

模型名称	重点生态区桉树林改造
模型描述	利用基本农田、公益林、自然保护区、饮用水源保护区、风景名胜区、高速公路、铁路等数据资源，通过可视域分析、天际线分析集成叠加分析、缓冲分析等基础分析模型，生成禁止种植桉树区域，与已种植的桉树进行空间叠加分析，若落入禁止种植区域范围内的桉树林则需要进行改造，输出待改造桉树林区域并展示
输入参数	分析场景、分析数据、改造区域数据、空间范围等

处理流程	①输入分析场景； ②输入分析数据； ③输入改造范围数据进行分析，分 3 个类型： 类型一包含饮用水源保护区、江河源头、基本农田、自然保护区、世界自然遗产保护地、省级以上公益林区、风景名胜区等区域，相关区域做融合处理； 类型二包含主要铁路、公路等，做缓冲分析和可视域分析，分析结果做融合处理； 类型三包含省内主要水库，做可视域和天际线分析，分析结果做融合处理； ④对上述 3 个类型的改造范围结果做融合处理，得到禁止种植桉树范围； ⑤禁止种植桉树范围与桉树数据做空间叠加分析，获取待改造区域； ⑥输出待改造区域； ⑦成果综合展示	
输出	①失败时有操作结果提示； ②成功时按照改造模型分析结果正确生成	
约束说明	成功：得到正确的渲染结果； 失败：分析失败； 取消：取消重点生态区桉树林改造分析	
备注	无	

3. 系统界面

重点生态区桉树林改造界面设计如图 5-16 所示。

图 5-16　重点生态区桉树林改造界面设计

5.4 任务管理模块

5.4.1 功能概述

任务管理模块是为林业时空大数据基础挖掘分析模型和业务挖掘分析模型的分析任务提供管理能力，用户可对分析任务进行筛选，查看任务状态，同时可以根据任务状态进行筛选，点击任务管理显示任务列表，点击"刷新"更新任务列表相关内容。该模块主要包括分析结果查看、分析参数回显、分析任务删除以及任务重命名等功能。

1. 分析结果查看功能

任务管理模块为已完成的分析任务提供了查看分析结果的功能。用户可以在任务管理列表中快速查看到所选任务的分析结果。

2. 分析参数回显功能

针对任务管理列表中的每个任务，提供查看分析参数的功能。用户可以查看分析任务的开始时间、结束时间等信息，并且可以通过参数回显来了解和分析任务的参数设置，以便进行二次挖掘分析。

3. 分析任务删除功能

用户可以根据需要对分析任务进行删除，帮助用户清理不再需要的任务。

4. 分析任务重命名功能

用户可以按照需求对分析任务名称进行修改。方便用户可以灵活地调整和管理任务的名称。

5.4.2 功能设计

分析结果查看功能设计见表5-14。

表 5-14 分析结果查看功能设计

功能名称	分析结果查看
功能描述	按照用户的需求，可快速展示所选任务分析结果
输入参数	无

处理流程	①点击任务管理； ②点击查看； ③显示分析结果	
输出	①失败时有操作结果提示； ②成功时展示对应模型分析结果	
约束说明	成功：得到正确的分析结果； 失败：提示查看结果失败	
备注	无	

分析参数回显功能设计见表 5-15。

表 5-15 分析参数回显功能设计

功能名称	分析结果查看
功能描述	按照用户的需求，可快速展示所选任务分析结果
输入参数	无
处理流程	①点击任务管理； ②点击回显； ③显示分析任务基本情况； ④点击参数回显； ⑤回显分析任务相关参数
输出	①失败时有操作结果提示； ②成功时展示对应模型参数
约束说明	成功：得到正确的参数回显； 失败：提示参数回显失败
备注	无

分析任务删除功能设计见表 5-16。

表 5-16 分析任务删除功能设计

功能名称	分析任务删除
功能描述	按照用户的需求，对所选分析任务进行删除
输入参数	无

处理流程	①点击任务管理； ②点击删除； ③删除分析任务 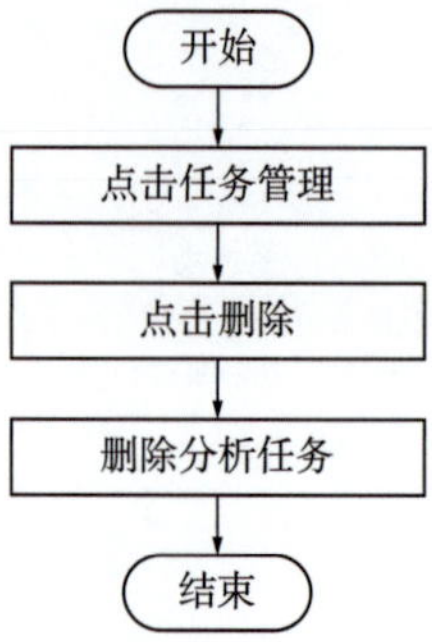	
输出	①失败时有操作结果提示； ②成功时删除分析任务	
约束说明	成功：删除分析任务； 失败：提示任务删除失败	
备注	无	

分析任务重命名功能设计见表 5-17。

表 5-17　分析任务重命名功能设计

功能名称	分析任务重命名
功能描述	按照用户的需求，对所选分析任务进行重命名
输入参数	无
处理流程	①点击任务管理；②点击重命名；③输入任务名称；④点击确定 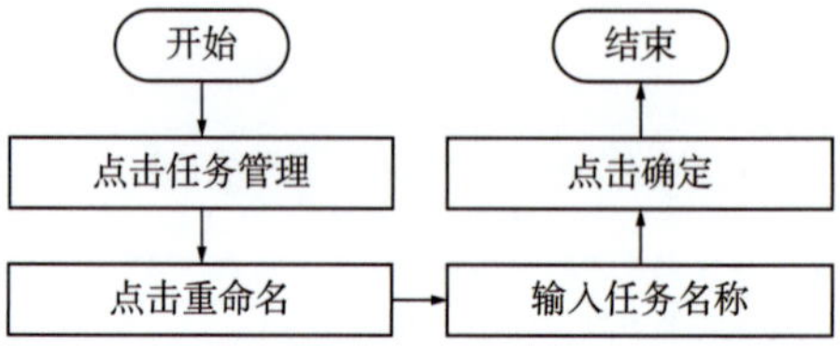
输出	①失败时有操作结果提示；②成功时重命名分析任务
约束说明	成功：重命名分析任务；失败：提示任务重命名失败
备注	无

5.4.3 系统界面

分析结果查看功能界面设计如图 5-17 所示。

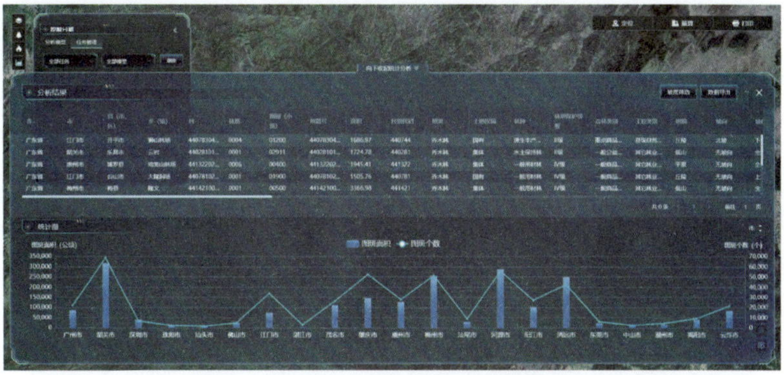

图 5-17　分析结果查看功能界面设计

分析参数回显功能界面设计如图 5-18 所示。

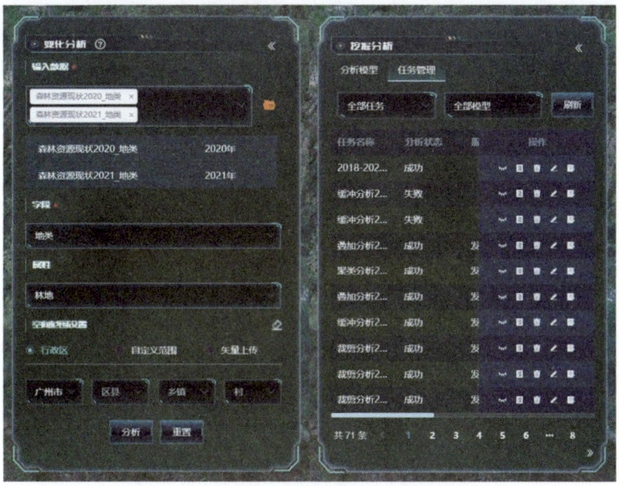

图 5-18　分析参数回显功能界面设计

分析任务删除功能界面设计如图 5-19 所示。

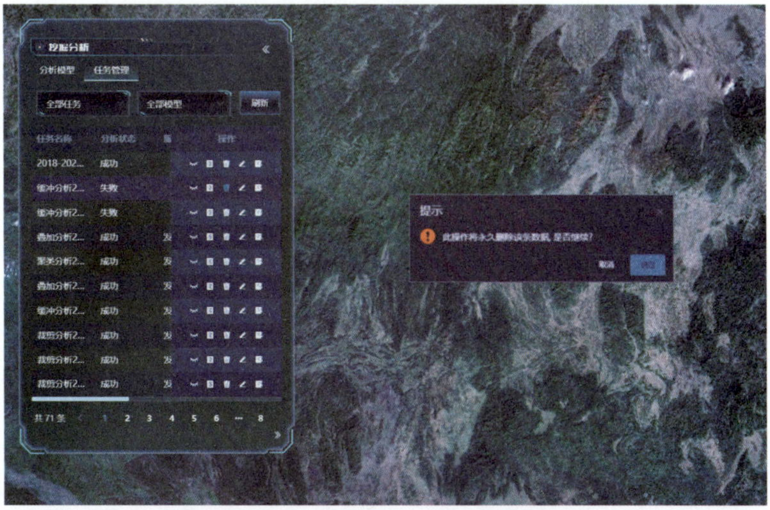

图 5-19　分析任务删除功能界面设计

分析任务重命名功能界面设计如图 5-20 所示。

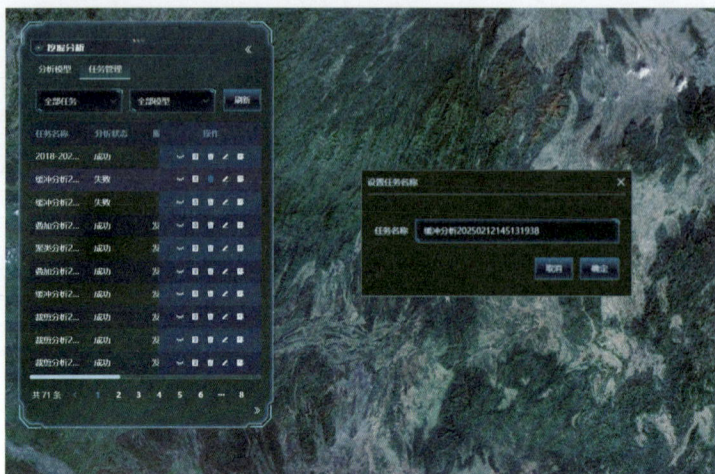

图 5-20　分析任务重命名功能界面设计

5.5　成果集成展示模块

5.5.1　功能概述

　　成果集成展示模块为林业时空大数据基础挖掘分析模型和业务挖掘分析模型的成果提供集成展示能力，可以对每次挖掘分析的成果进行回显展示，根据不同的分析模块和挖掘分析模型，分别有不同的展示模块。主要包括分析结果地图回显、图例管理、分析结果属性表回显、条形图、折线图、环形图、转移矩阵等功能。用户可以根据业务需求选择不同的展示模块来查看和分析数据，以便更好地理解和应用挖掘分析结果。

5.5.2　功能设计

　　成果集成展示模块为挖掘分析模块和任务管理模块对分析挖掘任务结果的直接展示，无须进行额外的功能操作即可直接获得，其功能设计主要集中于每个功能的展示样式，故将系统界面合并至本小节。

　　①分析结果地图回显：在地图上直观地展示和分析结果（图 5-21）。通过将地理信息数据与挖掘分析模型相结合，以便更清晰地展示分析结果的空间分布特征。

图 5-21　分析结果地图回显

②图例管理：图例是解释地图上标记含义的重要工具（图 5-22）。通过图例管理可以查看地图上的标记颜色、大小、形状等属性，以便更好地传达分析结果的信息。

图 5-22　图例管理

③分析结果属性表回显：属性表是一种以表格形式展示数据的工具（图 5-23）。将分析结果以属性表的形式展示出来，以便更详细地查看和分析每个地点的具体信息。

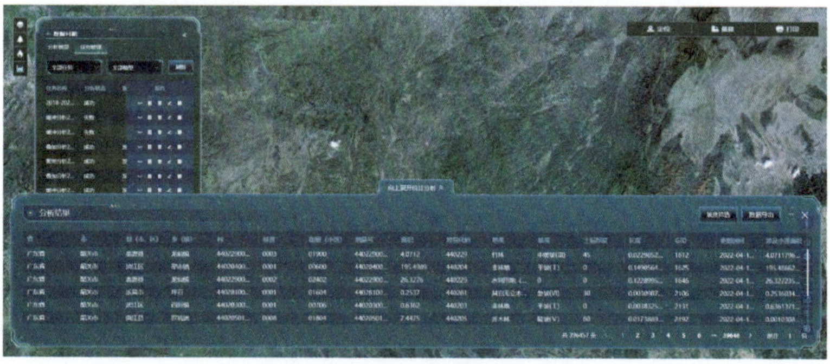

图 5-23　分析结果属性表回显

④条形图：是一种以条形长度表示数据大小的图形展示方式（图 5-24）。将分析结果以条形图的形式展示出来，以便更直观地比较不同类型数据的多少。

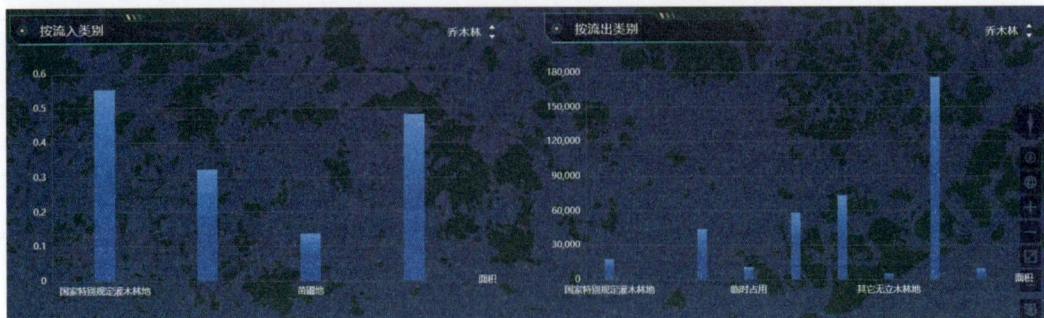

图 5-24　条形图

⑤折线图：是一种以线条起伏表示数据变化的图形展示方式（图 5-25）。将分析结果以折线图的形式展示出来，以便更直观地查看和分析数据的变化趋势。

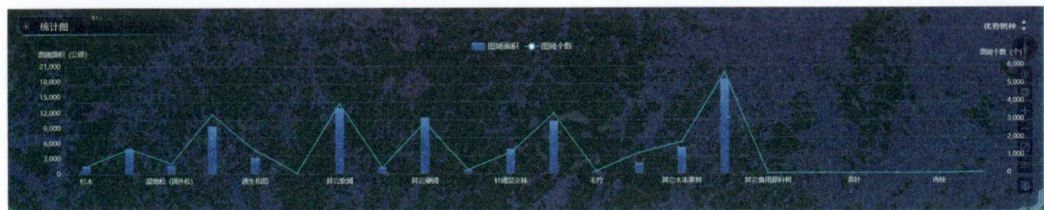

图 5-25　折线图

⑥环形图：是一种以圆环面积表示数据大小的图形展示方式（图 5-26）。将分析结果以环形图的形式展示出来，以便更直观地比较不同类型数据的占比。

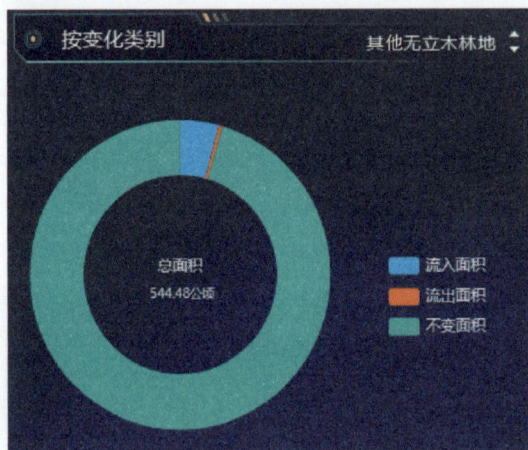

图 5-26　环形图

⑦转移矩阵：是一种展示不同时间节点之间数据转移情况的工具（图 5-27）。将分析结果以转移矩阵的形式展示出来，以便更清晰地查看和分析不同时间节点之间的数据转移情况。

林业时空大数据挖掘与应用

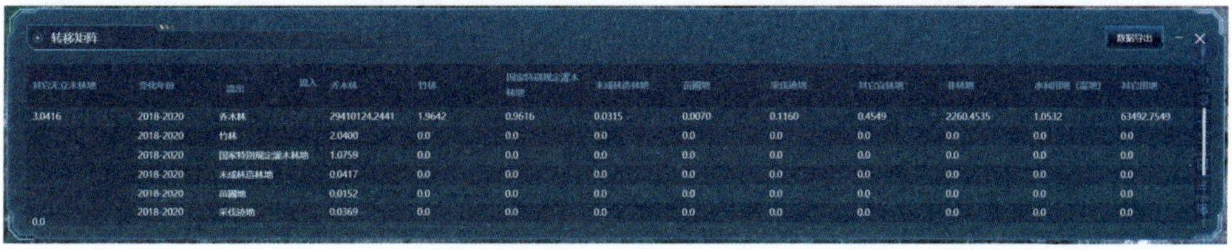

图 5-27　转移矩阵

5.6　挖掘应用数据库建设

挖掘应用数据库是林业时空大数据挖掘应用系统的数据基础，需严格按照国家与行业相关数据库设计规范，从设计原则、数据库基础、建设技术路线、建设方法、建设内容、安全设计等方面提出建设方案，保证数据库设计完整性、合理性和安全性。

5.6.1　数据库设计原则

挖掘应用数据库作为林业时空大数据挖掘应用的数据基底，其设计原则包括以下 7 个方面。

1. 标准化和规范化原则

遵循相关的林业行业标准和规范以及数据库设计的基本原则，确保数据的标准化和规范化。这有助于提高数据的质量和可读性，同时方便不同系统之间的数据交换和集成。

2. 开放性和可扩展性原则

设计时应考虑未来的业务需求和技术发展趋势，使数据库具备开放性和可扩展性。这有助于适应未来的变化和拓展，保护投资成本。

3. 高效性和可用性原则

针对林业数据的特性和业务需求，设计高效的查询和存储方案，确保数据的快速获取和处理。同时，要保证系统的可用性和稳定性，避免因硬件故障或软件错误导致的数据丢失或服务中断。

4. 安全性和隐私保护原则

考虑数据的敏感性和隐私性，设计时需要重视安全性，采取必要的安全措施保护数据，防止未经授权的访问和篡改。同时，要遵守相关的法律法规和政策要求，确保数据的合法合规。

5. 可维护性和可升级性原则

为了方便系统的维护和升级，设计时要考虑系统的模块化和分层结构，降低系统的复杂度。同时，要制定合理的升级策略，确保升级过程的安全性和稳定性。

6. 易用性和用户体验原则

考虑用户的需求和习惯，设计简单直观的用户界面和操作方式，提高用户的易用性和满意度。同时，提供相应的培训和技术支持，帮助用户更好地使用和管理数据库。

7. 成本效益原则

在满足业务需求和技术要求的前提下，尽可能降低系统的成本，包括硬件设备、软件许可、维护升级等方面的费用。同时，要合理利用资源，避免浪费和重复投入。

5.6.2 数据库基础

林业自然资源丰富，通过多年的业务生产，已经积累了大量的林业时空数据资源。在数据治理标准化的基础上，构建林业一体化数据库，用于实现数据的集中存储、统一管理和共享使用。林业一体化数据库集中管理林业行业覆盖的公共基础数据、林业基础数据、林业专题数据以及林业综合数据。其数据库逻辑结构如图 5-28 所示。

图 5-28　林业一体化数据库逻辑结构图

1. 公共基础数据库

公共基础数据库主要用于存储多源多时相的遥感影像数据、基础地理数据、行政区划数据等基础性和通用性信息服务数据。这类数据为地理信息系统和决策支持系统提供了重要的基础数据支持，确保了数据的完整性、准确性和一致性。

2. 林业基础数据库

林业基础数据库主要用于存储支撑林业管理活动的林草湿荒沙等林业资源现状、资产和规划数据，例如林草湿调查数据、资产清查数据、林地保护利用规划数据等。这类数据涵盖了广泛的林业领域，为林业管理和决策提供了重要的数据基底。

3. 林业专题数据库

林业专题数据库是针对各类林业主题、目标以及特定管理工作的数据集合。主要包含森林资源管理、草地管理、湿地管理、荒漠化防治、自然保护地管理、生态修复保护、森林火灾预防等林业业务数据。这类数据为林业部门提供了丰富的业务数据支持，有助于实现林业管理的科学化和规范化。

4. 林业综合数据库

林业综合数据库存储经过业务集成、聚合演变以及统计分析后产生的综合类数据成果。例如从属政务服务的征占用林地和林木采伐审批数据、从属公众服务的自然教育类林业数据、绿美建设类数据等。

根据林业一体化数据库的分类标准，挖掘应用数据库作为林业时空大数据挖掘应用系统的基础和成果管理数据库，其基础数据来源于林业一体化数据库或其他规范化的信息服务数据资源，其成果数据为经过挖掘分析所产生的数据，应属于林业综合数据库的管理范畴。因此，挖掘应用数据库逻辑上应属于林业一体化数据库中林业综合数据库的一个子库，服务于林业数据的总体建设与应用。

▶ 5.6.3 数据库建设技术路线

挖掘应用数据库负责存储、管理和维护林业时空大数据挖掘应用系统的所有数据。针对林业大数据挖掘应用的特点，开展包括数据库设计、数据建库、数据入库、存储设计和运行维护设计等一系列工作，总体技术路线如图 5-29 所示。

1. 数据库设计与建库

挖掘应用数据库的设计和建设必须遵循已有国家与行业相关数据库设计与建设规范，并充分考虑待管理的数据挖掘产品和软硬件设备等因素，针对数据特征、数据应用、软硬件现状等制定数据成果集成标准与规范。在此基础上进行数据库的总体设计、逻辑架构设计、物理架构设计、数据库详细设计，并完成数据库的建库。

2. 数据入库

数据挖掘产品类型与格式多样，可按照设计好的数据模式、数据结构和数据标准进行自动标准化和元数据提取，完成数据入库。

数据库建设完成后需要进行内部测试，查看数据库是否稳定高效、是否达到预期指标，对于发现的问题及时修复，确保提交合格的数据库成果。

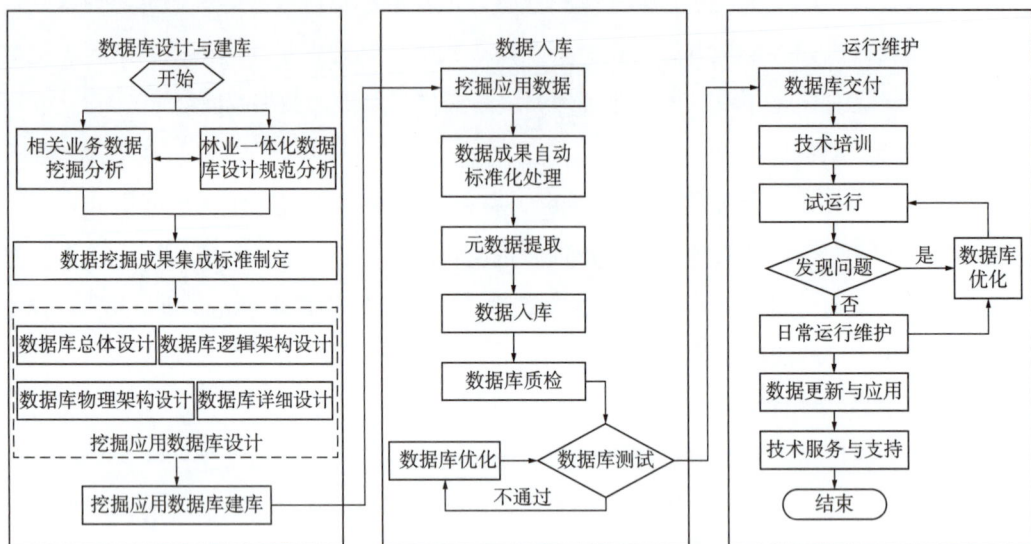

图 5-29　挖掘应用数据库建设总体技术路线

3. 数据库运行与维护

数据库经过内部测试之后进行试运行，并组织人员进行相关技术培训。运行期间用户通过数据库进行业务应用，并对数据库进行日常管理维护。如果运行期间发现问题则对数据库进行优化和修复，经过不断地发现问题和解决问题，最终建设一个稳定的、业务化运行的数据库。在此期间，需安排专门技术人员针对用户日常业务中的问题进行技术支持，做好技术服务工作。

5.6.4　数据库建设方法

依照数据库设计原则和数据库建设技术路线进行挖掘应用数据库的建设：首先在相关数据、软硬件分析基础上由设计人员采用面向对象技术和 UML 语言进行数据库的设计；然后采用脚本化建库方法完成挖掘应用数据库的建库；最后在数据库建设基础上，采用业务化数据质检与入库方法对所有挖掘应用数据产品进行自动归档。

1. 基于面向对象技术与 UML 语言的数据库设计

面向对象的数据库设计方法需要采用对象分析方法，对业务中所涉及的所有对象进行分析和定义。这个过程需要深入理解业务逻辑和需求，确保设计的对象能够准确地反映业务中的实体和关系。通过对象分析，可以保证数据库能够基于设计的对象，很好地实现业务逻辑的运行。

对象分析完成后，可以使用 UML 语言对分析挖掘的数据类型、数据应用、数据特征、数据关系、数据行为进行设计和描述。UML语言提供了一种丰富的、标准化的建模语言，使得设计人员能够准确地表达和描述复杂的数据结构和关系。通过 UML 图示，可以清晰地展示数据模型的设计，方便设计人员与开发人员之间的沟通和协作。

完成数据模型的设计后，需要依据数据库的三大范式以及性能要求，采用 UML 语言在数据库中实现所有对象的映射和持久化。这包括定义数据表结构、字段定义、数据关系等。通过合理地使用 UML 语言，可以将设计中的对象准确地映射到数据库中，实现数据的持久化存储。

数据库设计可以通过 Visio 或 Rational Rose 等工具来实现。这些工具提供了丰富的数据库设计和建模功能，可以帮助设计人员快速地创建和编辑数据模型。同时，这些工具还支持数据库的自动生成和代码生成，提高了数据库开发的效率和准确性。

2. 脚本化数据库建库

为了简化数据库的部署和维护过程，在整个建设过程中，采用一种自动生成数据库脚本的方法，包括数据库、数据表、存储过程、事务、索引、触发器等的创建和修改。通过这种方式，可以确保所有初始化任务都被准确地记录在脚本中，方便后续的操作和管理。

在数据库交付时，同时提供与数据库相关的脚本。这些脚本可以直接用于数据库的部署和初始化操作，无须人工干预。通过这种方式，可以快速地部署数据库，并且大大降低了因人为错误导致出行问题的可能性。

通过生成数据库脚本和提供相关的脚本文件，可以方便地进行数据库的部署和维护。这种方法可以确保所有初始化任务都被准确地记录下来，并且可以快速地进行数据库的部署和初始化操作。这为后续的维护和管理提供了便利，提高了工作效率和准确性。

3. 挖掘应用数据库建设

挖掘应用数据库需要存储海量的林业数据分析结果，包括各种矢量数据、栅格数据、三维地形数据、统计数据等。这些数据类型多样，数据量巨大。为了确保这些海量数据的安全、高效存储和管理，采用数据库引擎技术进行数据库建设。

根据矢量数据、栅格数据、资料数据等各自的特点，需采用不同的数据存储模式。对于矢量数据，采用空间数据库引擎的矢量存储模式，可以高效地存储和处理矢量数据。对于栅格数据，采用空间数据库引擎的栅格存储模式，可以有效地管理大量的栅格数据。对于资料数据，采用关系型数据库的存储模式，可以方便地存储和管理结构化的统计数据。

通过采用数据库引擎技术进行数据库建设，并依据不同类型的数据采用不同的数据存储模式，实现海量林业数据分析结果的安全、高效存储和管理。这为后续的数据查询、分析和应用奠定了坚实的基础。

4. 业务化数据处理与自动入库

在挖掘应用数据成果入库时，必须严格遵守数据设计的要求，进行自动化和批量化标准处理。这意味着对数据进行的操作是规范的、一致的，并且可以快速高效地处理大量数据。这些标准化的处理流程可以确保数据的正确性和准确性，减少人为错误和疏漏。

同时，在数据入库之前，还需要进行严格的数据质检。这包括对数据的完整性、准确性、规范性等进行检查，确保数据符合要求。通过自动化和批量化标准处理，可以快速高效地完成质检过程，提高工作效率。

一旦数据通过质检，就可以自动导入数据库中完成入库操作。这个过程是自动化的，可以确保数据的准确性和一致性，同时也提高了数据入库的效率。通过自动化和批量化标准处理，可以快速地处理大量数据，并且保证数据的正确性和处理效率。

5.6.5 数据库建设内容

挖掘应用数据库作为林业一体化数据库中林业综合数据库的一个逻辑库，同时支持单独建设，并服务于林业时空大数据挖掘应用系统的建设、使用和运维。它包含了3个子库：分析模型库、挖掘分析产品库和系统运行维护库。挖掘应用数据库逻辑结构如图 5–30 所示。

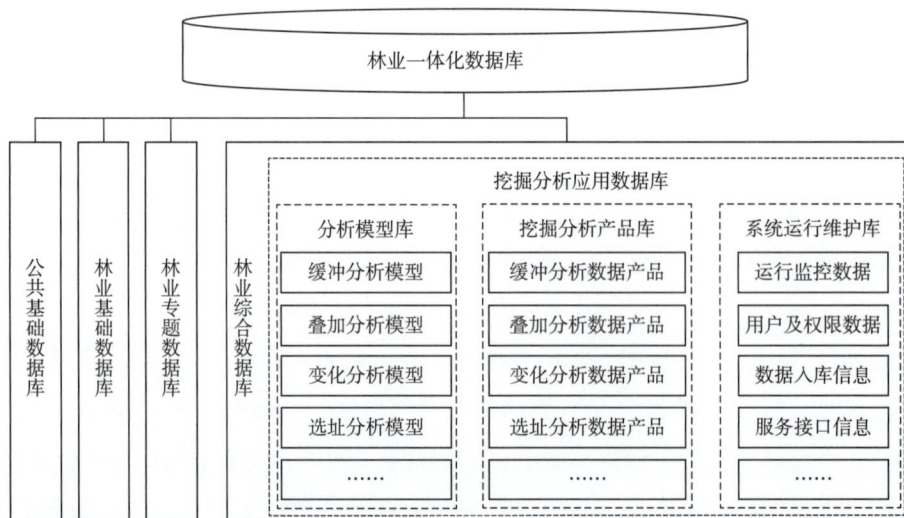

图 5-30　挖掘应用数据库逻辑结构图

分析模型库支撑着挖掘应用系统的运行。通过前端页面配置，用户可以自动调用相应的分析算法。这些算法是针对林业业务空间分析的需求而设计的，可以针对林业数据进行深入挖掘和分析，提供数据支撑和决策依据。

挖掘分析产品库则用于存储挖掘分析过程中产生的数据和产品。这些数据和产品是经过分析模型库处理后的结果，可以为林业业务应用提供服务。例如，通过挖掘分析产品库中的数据，可以了解森林资源的分布情况、生态系统的状况以及林业管理的效果等。

系统运行维护库则主要负责管理系统运行中所需要的各类数据。这些数据包括运行监控数据、用户及权限数据、数据入库信息和服务接口信息等。这些数据是系统运行所必需的基础，为整个系统的运行提供了必要的支持和保障。

5.6.6　数据库安全设计

由于系统管理数据的多样性和多层次性，考虑到用户数据权限、数据保密性等问题，需要对数据安全进行特殊处理，依据软硬件支撑平台设计和数据物理存储设计，在逻辑上或者物理上进行安全设置。

1. 访问安全控制

（1）基于用户角色的控制

针对各类用户的业务特点不同和数据使用范围不同的情况，同时兼顾数据资源的共享和数据资源的安全特点，对用户进行设计分类，不同的用户确定不同的数据使用范围和权限，具体见表5-18。

表 5-18　基于用户角色的数据访问授权控制

序号	用户角色	数据使用范围	数据使用权限
1	数据管理员	所有数据	数据入库、数据查询、数据下载、数据删除
2	系统管理员	运行监控	系统管理、参数配置等
3	系统业务员	业务分析相关数据	数据查询、数据分析、分析产品下载等

（2）基于数据主题的控制

数据库采用基于主题的数据访问授权方式保证数据访问的安全性，不同业务部门配置不同的数据访问权限，详见表5-19。

表 5-19　基于数据主题的数据访问授权控制

序号	数据主题	用户类别
1	公共基础数据	
2	林业基础数据	具体授权分类在项目实施阶段根据用户需要具体分配
3	林业专题数据	
4	林业综合数据	

2. 数据存储安全设计

在实际应用中，为了确保数据安全，不同类型的数据存储会被部署在不同的存储设备上。同时，从数据安全角度出发，进行如下存储设计：

①将不同类型的信息存储与传输在物理或逻辑上进行隔离。具体来说，将内网和外部的信息发布数据分别存储在不同的存储设备上，避免数据泄露和受到攻击。此外，在物理或逻辑上隔离不同类型的信息存储与传输，确保数据的安全性和保密性。

②对于特殊信息做特殊考虑，采取更加严格的安全措施。存储相应信息的主机和网络在物理上与其他网络隔离，避免未经授权的访问和泄露。此外，还可采用屏蔽光缆等措施来保护机要部门之间的传输媒体，避免数据泄露和受到攻击。

第6章

林业时空大数据挖掘应用

数据挖掘任务的发起通常是为了更深层次的数据应用，帮助业务管理解决具体问题或提供辅助决策。近年来，国内对于林业数据挖掘技术的理论研究越来越多，如在森林病虫害防治、林木抚育、森林资源管理、营造林选址与改造、森林火灾防控等领域，通过改进算法或统计方法开展数据挖掘，为森林防灾减灾、林业产业化发展提供了必要的理论支撑。但随着信息化、智能化和"数字政府"改革建设等新形势、新要求，利用信息技术和智能算法开展林业时空大数据挖掘应用，为林业资源监测监管提供更快更精准的决策信息，成为林业时空大数据应用新的发展方向。

本章结合当前林业信息化建设背景与需求、林业数据管理与应用程度的基础现状，梳理了林业数据挖掘存在的问题，分析了林业时空大数据挖掘应用需求，并以广东省为例，开展了森林火灾防控、森林病虫害防治、森林资源保护、营造林选址与改造，以及森林质量精准提升等典型应用实践，以期为林业时空大数据挖掘应用提供参考和借鉴。

6.1 林业数据挖掘存在的问题

随着林业发展现代化步伐的加快以及我国政府及社会对林业管理工作的高度重视，林业知识信息愈来愈显示其重要性和支配力[31]。因而，数据挖掘在林业的应用前景是十分广阔的，但在数据挖掘研究和开发的同时，一些尚待解决和完善的问题也随之出现。

6.1.1 应用领域不全面

近年来，在森林病虫害防治领域，通过改进遗传算法，结合病虫害实例，探究离群数据挖掘并应用在预防病虫害方面，拟合历史病虫害发生实例。在林木抚育领域，利用数据挖掘技术在储备林树种适宜性、树种立地特征、林分生长模型等方面开展了研究。在森林资源管理领域，利用数据挖掘技术在林业统计方法、林业决策支持、森林资源遥感影像自动解译精度、林业管护等方面开展了研究。在营造林选址与改造领域，采用数据挖掘技术开展了造林决策与作业等方面的研究。在森林火灾防控领域，采用数据挖掘技术开展了森林火灾预测等方面的研究。

但当前，利用数据挖掘方法与技术在区域林地空间格局、防护林规划、林业种质资源分析、森林资源质量评价、林地生态功能评价、生物多样性保护、森林资源历年变化分析、林内交通网络通达性分析、木材供应链优化、森林犯罪监测、森林防灾减灾等领域的应用还是较少。

6.1.2 挖掘深度不充分

在过去的林业数据挖掘研究中，常常采用数据挖掘方法或改进算法，来帮助林业从业人员分析历史数据，拟合被分析领域的某些特征对象的生长发展规律，以符合林业或生物学特性的原则，实现特征对象的模拟或预测。然而，这种模式大多数存在于理论拟合层面，在进一步的空间化、场景化、直观性等方面较为欠缺，挖掘深度并不充分，因此在工程化应用层面存在较大差距。随着数据获取技术、计算机技术以及以人工智能为代表的新型算法的快速发展，新型时空数据与传统挖掘方法和新技术方法相结合的挖掘模式可更进一步提升数据挖掘的深度，输出更加精准的挖掘成果。

在森林病虫害防治领域，以往通过模拟长时间序列的病虫害爆发规律，以识别未来森林中可能的病虫害爆发迹象，但在预测病虫害的具体空间爆发位置、历年病虫害时空演变规律、病虫等级分区方面欠缺研究。而随着卫星航空技术的发展，其具备了范围广、周期短、分辨率高的特征，为宏观空间下采用新型挖掘方法快速识别病虫害可疑爆发区，并形成刚发病、病中和病死疫木等爆发阶段的精准结果提供了新的思路，直接的病虫害时空分析能够给予森林病虫害管理部门最直观的预测地图和预防决策。

在森林资源管理领域，过去主要在林业统计方法和林业管护等层面，研究关联规则算法的优化和改造。对基于如卫星图像或无人机图像、地面调查数据，采用深度学习方法来估计森林覆盖、树木类型的研究缺失或不深入。同样采用深度学习方法监测重点生态区域内人类活动类型及其造成的林业资源破坏情况等研究缺少实践。另外，在多年或跨年的森林资源流量变化分析方面也研究不足，包括林地类型、生态林、商品林等流量变化，而这些挖掘结果将有助于制定森林资源管理计划，优化伐木活动，减少滥伐和促进可持续林业。

在营造林选址与改造领域，过去主要结合决策树分类和关联规则方法特点，研究具体数据挖掘技术在造林决策中的应用方式，其缺陷是并未结合现有林业政策体系下关于造林的树种要求、生态要求，且未给出造林适宜性区位。营造林决策分析在使用数据挖掘技术时既要考虑营造的树种对象，还要结合相关政策，输入自然及人文分析因子，采用二三维空间协同分析技术，科学划分造林适宜性区位，给予最直观的造林决策辅助。

在森林火灾防控领域，过去主要基于历史火灾数据，结合聚类分析、线性回归分析、神经网络空间预测、支持向量机、蚁群算法等对森林火灾进行预测。对于依托卫星航空数据，对森林热异常区域进行提取，分析森林热异常点时空演变趋势等方面，以及防火重点设施距离与连通性分析、森林火险等级评估等方面的研究不多。而这些挖掘的结果将有助于在火灾发生前，预知森林热异常区域分布、防火设施部署及支撑能力、火险等级区划等情况，提前制定森林火灾防控策略。

6.1.3 知识呈现不丰富

知识呈现是将知识以某种形式或方式展现出来，使其可以被他人理解和吸收的过程。一直以来中国乃至其他亚洲地区，数据的知识呈现工作被严重忽略。国内数据挖掘的可视化展现在很多时候采用微软的 Office 来呈现。国外的数据挖掘从业者通常采用直观的图表方式展示数据。Google Charts 为数据挖掘工作提供了一个开放的作图工具，可将挖掘成果在 Google Charts 中植入，也可将 Google Charts 中选中的图表样式的程序复制到挖掘平台中来展示数据。Tableau Software 是近年应用热度较高的数据可视化工具，但其对于大数据量时展示效果并不能保证。Apache Echarts 是一款基于 JavaScript 的数据可视化图表库，提供直观、生动、可交互、可个性化定制的数据可视化图表。然而，无一例外的是上述可视化工具在对需要二三维大型时空地理场景呈现数据和交互需求上无法支持。

随着空间数据挖掘技术的发展，地理可视化技术也逐步走向成熟，结合了科学可视化、制图学和 GIS 技术[32]，对地图等具有空间表现力的可视化呈现工具得到一定程度发展。在空间数据挖掘知识呈现方面，主要采用地图显示（二维 / 三维）、统计图、专题图、各种复杂符号来表示知识所内含的时空规律。采用地图叠加、地图双屏、多维色彩模式、地图组织等方式来对时空规律进行比较和分析。采用自动制图技术和信息空间化技术对时空规律进行应用或提炼[27]。总体来说，空间数据挖掘的可视化技术呈现方式是比较基础的，但为时空数据挖掘成果的知识呈现奠定了基础。

时空数据挖掘当前已具备空间维基本呈现能力，但挖掘成果在二三维一体化协同呈现方面应用不足，需要引入先进、成熟的三维数据地球技术，实现二三维数据融合，支持多维知识的同步高效浏览、查询。时空数据挖掘除了空间维是基本维度，还需要将时间作为一个维度，通过时间轴或时间线展示数据的变化情况，这需要在大数据分布式计算框架的基础上支持时空数据挖掘成果的时序可视化。

林业时空数据内部通常因业务逻辑而存在多种复杂关系，但这些复杂的关系网络一直以来隐含于数据及业务系统内部，仅有少数从业人员能够理解基本关系，而对于关系的深度、溯源、本体与实例等不能进行较好的总结与呈现。这种不足可依据图论理论和图数据库技术，通过节点和边的表示，展示复杂网络结构和节点之间的连接关系，且存储关系体量可数以亿计，这种图形表达方式为时空数据关系知识提供了网络可视化的呈现思路。

6.2 林业时空大数据挖掘应用需求

进入大数据时代后，"数据驱动"成为林业发展新趋势，面对海量的林业空间与非空间数据，如何从中提取隐含的信息、空间关系或者有意义的特征、模式，揭示各种空间规律、关系和趋势，实现林业数据资源整合和智慧管理，提高林业精准决策能力，成为建设智慧林业、建设生态文明和美丽中国的迫切需要。

6.2.1 森林火灾方面

森林火灾是森林三大自然灾害之首，防止火灾就是保护森林。全世界每年森林火灾达 27 万次，烧毁森林面积几百万至上千万公顷。森林火灾不仅能烧死许多树木，降低林分密度，破坏森林结构，同时还引起树种演替，降低森林的利用价值、生态价值和经济价值。森林火灾能烧毁林区各种生产设施和建筑物，威胁森林附近的村镇，危及林区人民生命财产的安全。森林火灾不仅对森林有极大的破坏，还会污染空气，并且会使得空气中的有害物质和可吸入颗粒物增加，从而威胁人们的生命安全。

因此，依托森林火灾方面的时空大数据，及时发布森林火险警报和预警信号，推进森林防火由"人防"向"技防"转变，对森林火灾防控具有重大的现实意义。

6.2.2 森林病虫害方面

森林病虫害种类繁多，主要包括松材线虫病、薇甘菊、双钩异翅长蠹、红火蚁、锈色棕榈象、扶桑绵粉蚧和椰子织蛾等，这些病虫害对森林健康和生态环境构成了严重威胁。其中，松材线虫病又称"松树萎蔫病"，是由松材线虫引起的具有毁灭性的森林病害。松材线虫是一种重要的林业检疫性有害生物，其对环境的适应能力强，寄生树种多，传播蔓延迅速，易导致大量松树枯死，是我国头号检疫性林业有害生物。

因此，依托森林病虫害方面的时空大数据，实现全方位的灾害分析，及时发布灾害预警预报，对清理感染疫木，控制病疫蔓延具有重要意义。

6.2.3 森林资源方面

森林资源是地球上最重要的资源之一，是生物多样性的基础，它不仅能够为生产和生活提供多种宝贵的木材和原材料，还能够为人类经济生活提供多种物品，更重要的是森林能够调节气候、保持水土及防止、减轻旱涝、风沙、冰雹等自然灾害。森林是一种可再生资源，但森林资源所具有的可再生性和结构功能的稳定性，只有在人类对森林资源的利用遵循森林生态系统自身规律，不对森林资源造成不可逆转的破坏的基础上才能实现。近年来，森林增长目标任务越来越艰巨，与此同时，各类建设违法违规占用林地面积年均超过 200 万亩*，其中约一半是有林地，局部地区毁林开垦问题依然突出。随着城市化、工业化进程的加速，林地空间被进一步挤压。

因此，依托森林资源方面的时空大数据，实现森林资源的动态实时有效监管，对森林资源保护和监督执法具有重要意义。

6.2.4 营造林方面

营造林是生态环境保护和绿化建设的重要组成部分，对于改善生态环境、保障生态安全、提高土地利用率具有重要意义。从现实来看，虽然我国森林面积居世界第五位、森林蓄积量居世界第六位，但相对于我国广袤的国土面积和庞大的人口数量，森林覆盖率只有全球平均水平的 2/3，人均森林面积不足世界人均水平的 1/3，缺林少绿仍是基本国情。2022 年，全国绿化委员会编制印发《全国国土绿化规划纲要（2022—2030 年）》（以下简称《纲要》）。《纲要》全面部署了当前和今后一个时期我国国土绿化工作。《纲要》强调各地要做好合理安排绿化空间、持续开展造林绿化、巩固提升绿化质量，注重落实科学绿化要求，坚持走科学、生态、节俭的绿化之路，着力解决"在哪造""造什么""怎么造"的关键问题。

因此，依托营造林方面的时空大数据，因地制宜地落实各类国土绿化任务，科学开展森林营造林至关重要。

6.2.5 森林质量方面

森林质量的高低是衡量生态文明建设成果的重要标尺，当前，我国森林平均每公顷蓄积量为 95.02m^3，不到全球平均水平的 70%，不到德国的 1/3，每公顷年均蓄积生长量

---

* 1 亩 =1/15 公顷（hm^2），下同。

仅为德国的 1/2，林地生产力远未充分发挥，全国的中幼龄林面积 19.1 亿亩，比例接近 2/3，每公顷蓄积量仅 66.16m³，急需抚育的中幼龄林面积 8.4 亿亩，占中幼龄林面积的 44.2%，提升空间巨大。由此可见，森林质量不高，生产潜力发挥不出来，生态功能低下，是当前我国林业最为突出的问题。

因此，依托森林质量提升方面的时空大数据，精准开展中幼龄林抚育、树种结构优化、低产低效林改造等，对提高森林质量与效益、充分发挥森林功能、构建稳定优质森林生态系统有着重要作用。

6.3 应用方向与案例

结合林业时空大数据挖掘应用需求，以广东省林业数据为基础，通过数据收集、数据处理、分析建模、结果分析等，开展森林火灾防控、森林病虫害防治、森林资源保护、营造林选址与改造，以及森林质量精准提升等方面的典型实践，为林业资源监测监管提供辅助决策。

6.3.1　森林火灾防控

本小节主要介绍了数据挖掘技术在森林火灾防控方向的具体应用，包括两个案例分析。

6.3.1.1　案例一：森林热异常点及火烧迹地识别

1. 挖掘目标的提出

在火灾发生前，结合森林火灾隐患区域的背景与条件等大量信息，利用遥感技术特性，采用辐亮度温度法可以大范围、高时效地探测到森林热异常点，圈定出森林火灾高发地区、时段及危险程度；在火灾发生时，对火灾发生区域进行长、中期动态监测并进行分析，迅速准确地查出火点位置，从高空监测火场的现状和走势，使指挥部能够及时地获取到火灾信息，为下一步制定扑火战术提供技术支持，减少人民生命财产损失。

森林火灾后被烧毁的植被恢复是另一个重要问题，因此准确提取火烧迹地，分析迹地的空间分布及面积、破碎程度，并与森林资源数据进行综合分析，能够获得被火灾毁坏的林分结构、森林蓄积量，辅助判断火灾强度对森林植被格局造成的影响，并决定了火灾后森林植被更新与恢复的措施，进而影响森林资源的动态变化趋势。

2. 数据收集与分析

本案例以广东省两起火灾事件为研究场景，收集相关数据并交叉验证。

火灾事件A：2021年1月3日10时20分，广东省梅州市梅县区石扇镇发生一起森林火灾，14时40分火势蔓延至梅江区域城北镇杨文村，山地林相主要为松杂木。

火灾事件B：2021年1月18日上午，广东省肇庆市高要区蚬岗镇突发森林火灾，至19日6时火线被基本扑灭。

（1）数据收集

以火灾事件A的着火地区为A研究区，收集A研究区域内的2020年末森林资源调查数据及其火灾时间段的高光谱遥感影像数据（GF4_IRS）和光学遥感影像数据（GF1_WFV3、GF1D_PMS）。

以火灾事件B的着火地区为B研究区，收集B研究区域内的2020年末森林资源调查数据及其火灾时间段的高光谱遥感影像数据（GF4_IRS）和光学遥感影像数据（GF6_PMS）。

（2）数据分析

数据分析的主要内容包括分析数据的格式、结构、空间化信息、坐标系统情况。其中森林资源调查数据主要分析地类字段内容是否完整、正确。

3. 数据预处理

提取森林资源调查数据中地类为"林地"的小班。

4. 分析建模

（1）模型内容

①基于森林热异常点分析模型，利用辐亮度温度法识别高光谱遥感影像上的最高温度点。

②基于森林火灾火烧迹地提取分析模型，可利用NDVI差值法提取光学影像的火烧迹地。

③基于森林火灾火烧迹地提取分析模型，可利用特征阈值法提取高光谱遥感影像的火烧迹地。

（2）算法选择

辐亮度温度法是一种用于测量物体温度的技术，特别适用于非接触式温度测量。这种方法基于物体发射或吸收辐射能量的原理，通过测量物体的辐亮度来确定其温度。

NDVI差值法是一种用于遥感影像处理的方法，旨在评估植被覆盖和生长状态。NDVI通过测量红外和可见光波段的反射率来估算植被覆盖程度，常用于监测农作物生长、环境变化和地表覆盖变化等。

特征阈值法是数字图像处理中常用的一种技术，用于分割图像中不同区域或对象。

它的基本思想是将图像中的像素分为两个或两个以上不同的类别，通常是目标对象和背景，通过选择适当的灰度值阈值来实现这种分割。

（3）模型分析（热异常点识别）

森林火灾热异常点识别模型分析流程如图 6-1 所示。

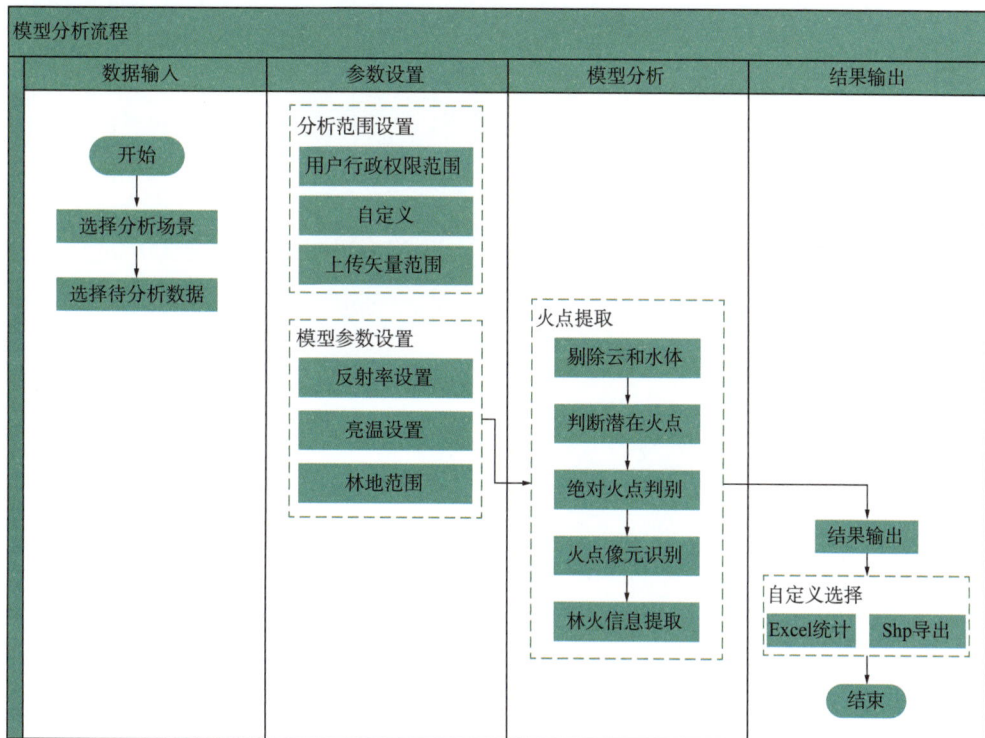

图 6-1　森林火灾热异常点识别模型分析流程图

①利用 0.65μm 和 0.86μm 处的反射率和 12μm 处的亮温剔除云和水体。

$$(\rho_{0.65} + \rho_{0.86} > 0.9) \text{ or } (T_{12} < 265\text{K}) \text{ or}$$
$$(\rho_{0.65} + \rho_{0.86} > 0.7) \text{ and } (T_{12} < 285\text{K})$$

式中，ρ 为反射率；T 为亮温；数字为波长。

②判断潜在火点像素，根据白昼区分。

白天：

$$T_4 > 310\text{K}$$
$$T_4 - T_{11} > 10\text{K}$$
$$\rho_{0.86} < 0.3$$

夜晚：

$$T_4 > 305\text{K}$$

③绝对火点判别：满足条件的为火点。

白天：

$$T_4 > 360\text{K}$$

晚上：

$$T_4 > 320\text{K}$$

④综合以上步骤，对于步骤②中的被识别的潜在火点，利用劈窗法逐像素识别，直至窗口中有效像元至少占 25% 并且个数不小于 8。有效像元为包含有效观测、不被云覆盖并且不为背景火点像元的陆地像元。

⑤满足以下条件的为背景火点像元。

白天：

$$T_4 > 325\text{K}$$
$$T_4 - T_{11} > 20\text{K}$$

晚上：

$$T_4 > 310\text{K}$$
$$T_4 - T_{11} > 10\text{K}$$

⑥剩下的点中，满足以下条件的为火点。

$$\Delta T = T_4 - T_{11}$$
$$\Delta T > \Delta \overline{T} + 3.5\delta_{\Delta T}$$
$$\Delta T > \Delta \overline{T} + 6$$
$$T_4 > \overline{T}_4 + 3\delta_4$$
$$T_{11} > \overline{T}_{11} + \delta_{11} - 4\text{K}$$
$$\delta_4' > 5\text{K}$$

式中，$\Delta \overline{T} \delta_{\Delta T}$ 为对应变量的均值；$\Delta \overline{T} \delta_{\Delta T}$ 为对应变量的平均绝对离差；δ_4' 为 4μm 沿段背景火点源亮温的平均绝对值。

根据上述步骤，通过一步步的筛选排查，最终将得到满足条件的火点输出。

⑦林火信息提取。用上述火点提取方法提取出来火点后，采用火点与林地小班叠加的方法，筛选落入林地的火点，提出所在位置为林地的火点。

（4）模型分析（火烧迹地提取）

森林火灾火烧迹地提取模型分析流程如图 6-2 所示。

①基于特征阈值法的火烧迹地提取。特征指数选取绿、红和近红外波段构建波段计算特征指数，有效区分火烧区域和非火烧区域范围，确定阈值范围二值化和矢量化输出，获取火烧迹地范围结果。

GF1_WFV3、GF1D_PMS 光学影像的特征计算公式：

$\{[(b_2-b_4)/(b_2+b_4)]$ gt$-0.45\}$ and $\{[(b_4-b_3)/(b_4+b_3)]$ le $0.3\}$ and $\{[(b_4-b_3)/(b_4+b_3)]$ gt $0\}$

式中，b_4 为近红外波段；b_3 为红波段；b_2 为绿波段。

②基于 NDVI 差值法的火烧迹地提取。分别计算前后时期影像 NDVI 灰度图，两期灰度图进行差值计算，获取差值大于设定阈值的部分，进行图像二值化和矢量化输出，获取 NDVI 差值法火烧迹地变化范围。

NDVI 差值计算公式：

$$10000 \times (b_4-b_3)/(b_4+b_3)$$

按设定阈值取值，如大于 2000。

式中，b_4 为近红外波段；b_3 为红波段。

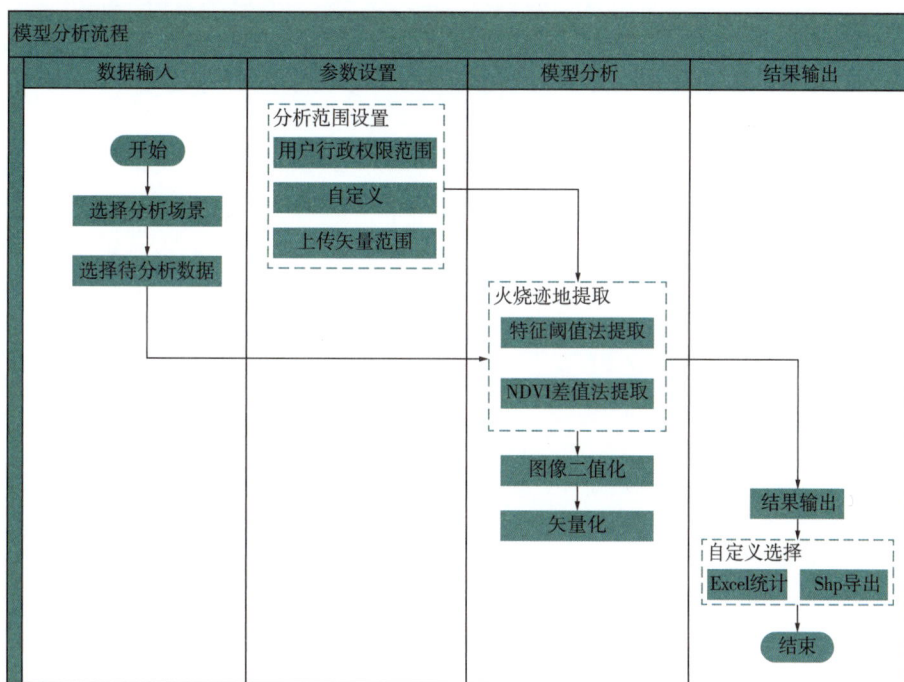

图 6-2 森林火灾火烧迹地提取模型分析流程

（5）精度评价方法

利用准确率 P、漏检率 M 以及总和准确率和漏检率的 F 值来进行火点识别结果统一的精度评定[33]。

$$P=Y_y/(Y_y+Y_n)$$
$$M=N_y/(Y_y+N_y)$$
$$F=2P(1-M)/(1+P-M)$$

式中，Y_y 为监测的火点为真实火点的个数；Y_n 为误检火点的个数；N_y 为漏检火点的个数；P 和 M 分别为准确率和漏检率；F 为准确率和漏检率的综合评价指数。

5.结果分析

（1）火点提取结果

利用 2021 年 1 月 3 日拍摄的 GF4_IRS 中波红外高光谱遥感影像提取火灾事件 A 研究区一次火灾起火点，共提取 11 个火点像元。

利用 2021 年 1 月 18 日拍摄的 GF4_IRS 中波红外高光谱遥感影像提取火灾事件 B 研究区一次火灾起火点，共提取 9 个火点像元。

两次火灾事件火点提取结果如图 6-3 所示：

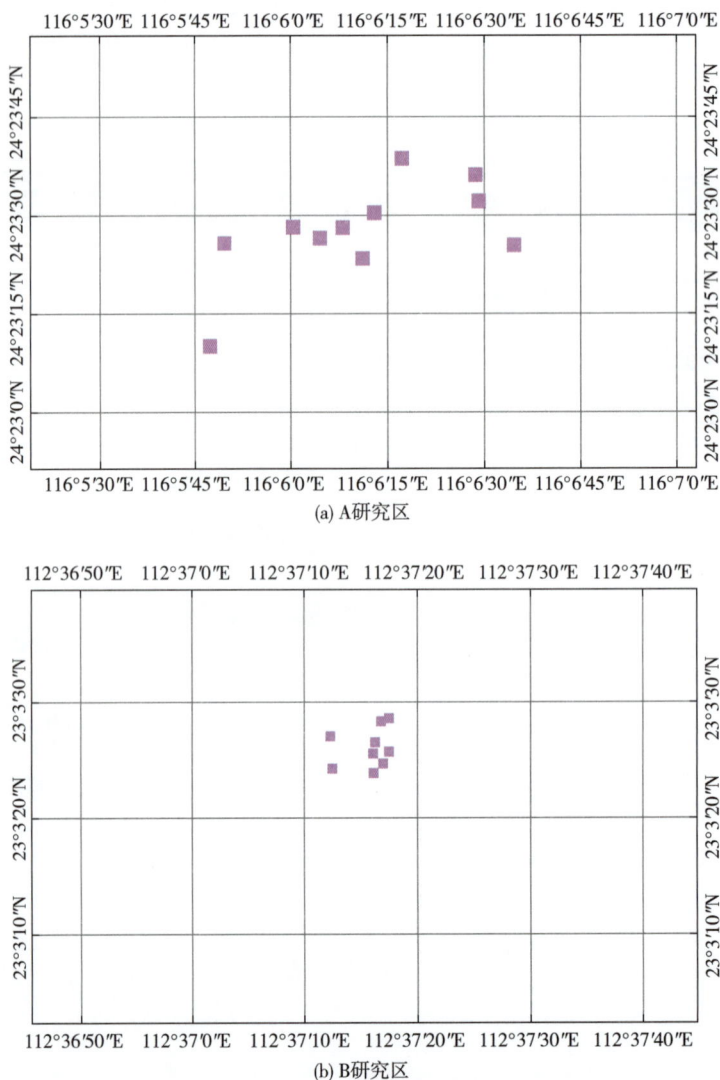

(a) A研究区

(b) B研究区

图 6-3　研究区森林火灾火点提取结果

（2）火点精度评价分析

图 6-4（a）为火灾事件 A 所提取的着火点与火灾区域 2021 年 1 月 3 日 11 时 02 分的 GF1_WFV3 真彩色影像的叠加图，由图可见，所提取的 11 个火点中有 8 个火点位于

实际着火区域，有 3 个为误提，正检率为 73%，误检率为 27%，漏检率 0。

图 6-4（b）为火灾事件 B 所提取的着火点与火灾区域 2021 年 1 月 18 日 11 时 41 分的 GF6_PMS 假彩色影像的叠加图，由图可见，所提取的 9 个火点中有 7 个火点位于实际着火区域，有 2 个为误提，正检率为 78%，误检率为 22%，漏检率 0。

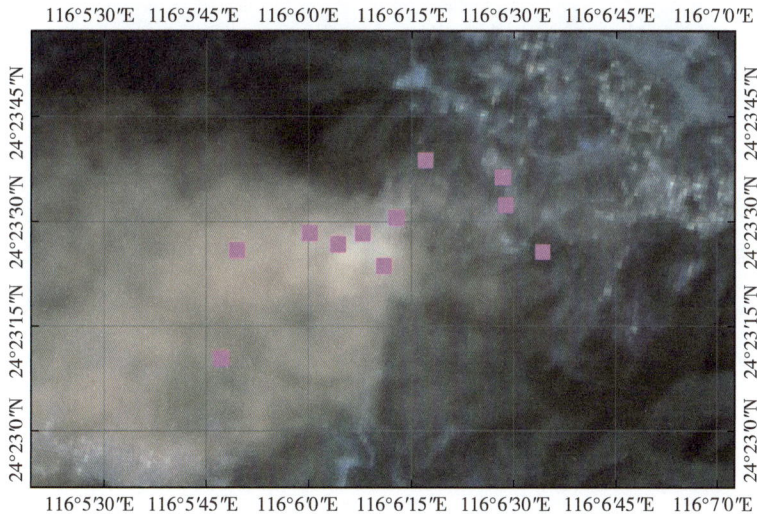

(a) 火灾事件A提取的着火点与着火区域影像叠加图

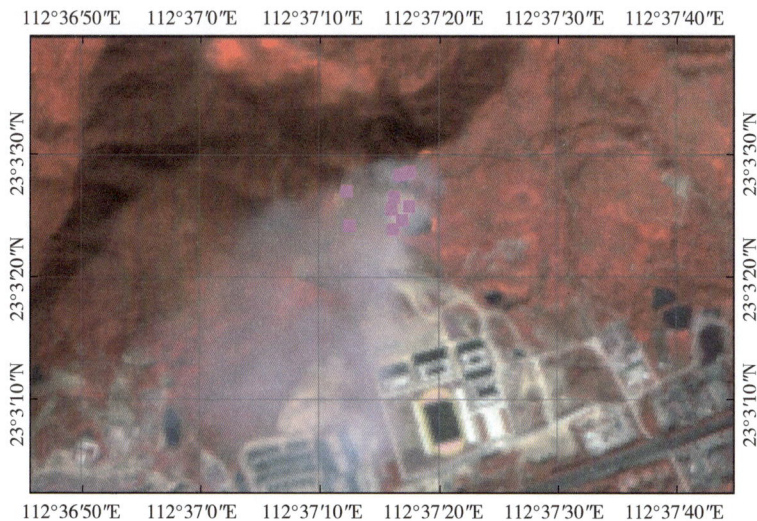

(b) 火灾事件B提取的着火点与着火区域影像叠加图

图 6-4　提取的着火点与着火区域影像叠加图

（3）火烧迹地提取分析

基于特征阈值法，利用 2021 年 1 月 5 日 11 时 22 分拍摄的 GF1D_PMS 光学影像提取火灾事件 A 研究区域内森林火灾后的火烧迹地，共提取多个迹地的矢量多边形，从图 6-5 整体来看，提取的火烧迹地范围基本包含真实火灾边界，也包含了正确的起火点，但在火灾区域东南方向存在两处提取错误的火烧迹地。

图 6-5　提取的火烧迹地与真实火烧迹地对比图

6.3.1.2　案例二：森林火灾的火源影响范围分析

1. 挖掘目标的提出

引起森林火灾发生的火源一般可分为天然火源、人为火源两种。天然火源是在特殊的自然地理条件下产生的热源，包括雷击火、火山爆发、滚石火花和泥炭自燃等。人为火源是指人为野外用火不慎而引起的火源，可分为生产性火源和非生产性火源。经过调查，多数森林火灾发生主要由人为火源引起，在人为火源引起的火灾中主要以祭祀、吸烟、开垦烧荒等为主。

因此，管理好火源是做好森林防火工作的关键，其中分析提取野外火源点的多层级空间影响范围，加强对影响范围的防火控制，有效预防森林火灾及其损失预测与评估有重大意义。

2. 数据收集与分析

（1）数据收集

选取广东省广州市黄埔区作为研究区，收集研究区域内森林火灾火源点数据、森林资源调查数据。

（2）数据分析

首先分析森林火灾火源点数据的格式、结构、空间化信息、坐标系统等情况，其次分析森林火灾火源点数据属性内容信息是否包含火点坐标、地址、火源点类型、过火面积等，最后输出数据分析报告。

研究区各类火灾火源点 139 个，分布情况如图 6-6 所示。

火源点类型以散坟、游憩公园、加油（气）站为主，具体类型及数量见表 6-1。

表 6-1　火源点类型及数量统计表

火源点类型	散坟	连片坟墓	公墓	游憩公园	寺庙	加油（气）站	危化企业
数量	36	4	4	30	5	44	16

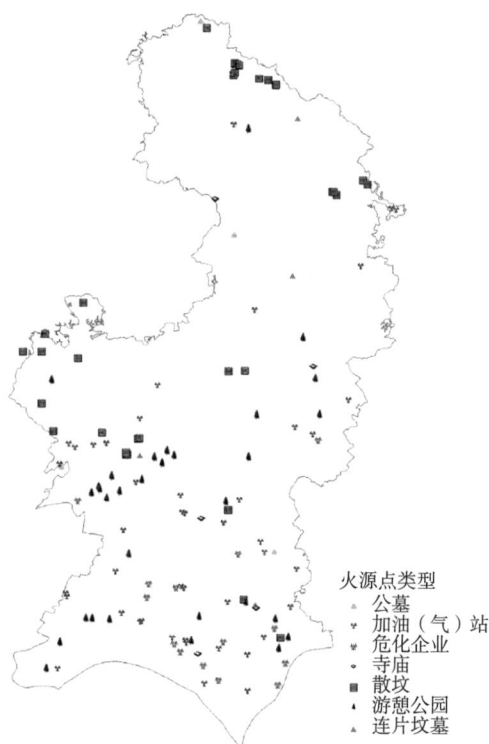

火源点类型
公墓
加油（气）站
危化企业
寺庙
散坟
游憩公园
连片坟墓

图 6-6　研究区各类火灾火源点分布示意图

3. 数据预处理

火源分析相关数据源处理主要包括：对收集的非空间化的森林火灾火源点数据进行空间化处理；对已空间化的数据变换数据格式及坐标系；对所有收集的数据按照统一的建库标准要求进行结构变换；对数据中的错误图形和属性进行检测并完成清洗处理；对于属性缺失的根据已有数据或查询权威资料进行补充。提取森林资源调查数据中优势树种为松树、云杉、油茶等树种的小班。

4. 分析建模

（1）模型内容

基于缓冲分析模型，采用 100m、200m、300m、400m、500m 的可设置的等缓冲距离参数，对森林火灾火源点数据进行单点或多点的点缓冲分析，输出火源点的多环缓冲带。

（2）算法选择

缓冲区分析是典型的以距离变换为基础的空间分析方法，通过围绕一组或一类空间要素建立一定范围的邻近多边形（称为缓冲区），描述空间要素的影响范围，并将缓冲区图层与其他要素图层进行叠加分析，从而分析不同空间特征的邻近性或空间影响度[34]。本案例采用欧式缓冲区算法，即测量平面坐标中的欧式距离，该平面用来计算平坦表面上两点之间的直线距离，适于分析处于一个投影带内相对较小的区域。

①欧式距离

欧式距离能够保持坐标轴平移或旋转后的不变性，二维空间的欧式距离可用下式计算。

$$D_{\text{E}} = \left[\left(X_2 - X_1 \right)^2 + \left(Y_2 - Y_1 \right)^2 \right]^{1/2}$$

式中，D_{E} 为 (X_1, Y_1) 和 (X_2, Y_2) 两点间的欧式距离。

②缓冲区分析：

从数学的角度看，缓冲区就是给定一个空间对象或集合，由邻域半径 R 确定其邻域的大小，因此对象 O_i 的缓冲区定义为：

$$B_i = \left\{ x \middle| d\left(x, O_i \right) \leqslant R \right\}$$

式中，B_i 为距 O_i 的距离小于等于 R 的全部点的集合，即对象 O_i 的半径为 R 的缓冲区；d 为最小欧式距离。

对象集合 $O = \left\{ O_i \middle| i = 1, 2, \cdots, n \right\}$，其半径为 R 的缓冲区是各个对象缓冲区的并集，即 $B = \bigcup\limits_{i=1}^{n} B_i$。

（3）模型分析

森林火灾的火源影响模型分析流程如图6-7所示。

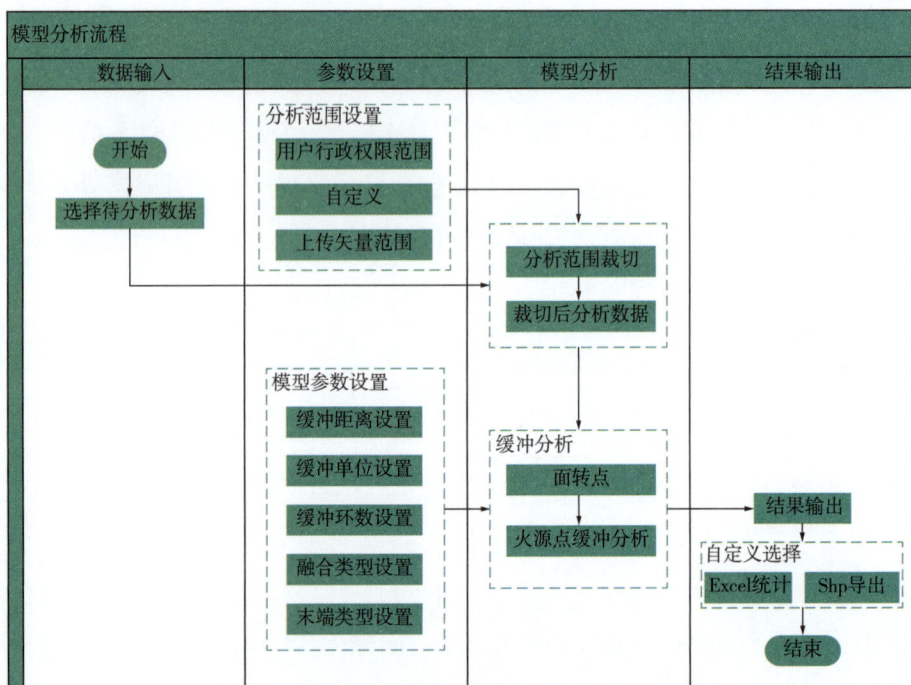

图 6-7　森林火灾的火源影响模型分析流程图

①当输入要素为面数据时需面转点，取面的几何中心点；

②选择点缓冲算法参数，即以火源点对象为圆心，以缓冲半径大小绘制圆，生成所

林业时空大数据挖掘与应用

包容的区域。包括单点目标、多点目标和分级点目标形成的缓冲范围。

（4）分析参数

包括距离参数、缓冲环数、线性单位、侧类型、末端类型、融合类型、融合字段等。

5. 结果分析

（1）火源点影响范围分析

研究区 139 个火源点经缓冲分析，提取 0~500m 的 100m 等距多环缓冲带，如图 6-8 所示。且研究区火源点的缓冲分析为均质缓冲区，即空间物体与邻近对象只呈现单一的距离关系，因此缓冲区内各点影响度相等。

研究区东北部及中部的火源点分布相对稀疏，以散坟为主，另外有少量沿高速公路建设的加油（气）站，火源点的影响范围多呈现独立缓冲区，最大影响范围为 500m。研究区北部有 3 组连片坟墓，3 个独立缓冲带相互融合形成较大的影响范围，如图 6-9 所示。

研究区西南部位于城市近郊区，游憩公园、加油（气）站、连片坟墓等相间分布且距离较近，存在多个由 5~7 个独立缓冲带相互融合形成的特大型缓冲区，最大影响范围直径达到 2~3km，如图 6-10 所示，对城市近郊区形成较大森林火灾威胁。

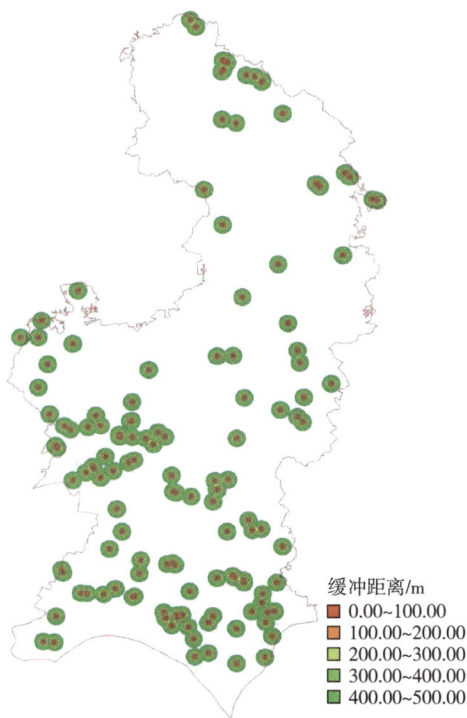

图 6-9　研究区东北部及中部火源点影响范围图

火源点类型
- 公墓
- 加油（气）站
- 危化企业
- 寺庙
- 散坟
- 游憩公园
- 连片坟墓

图 6-10　研究区西南部火源点影响范围图

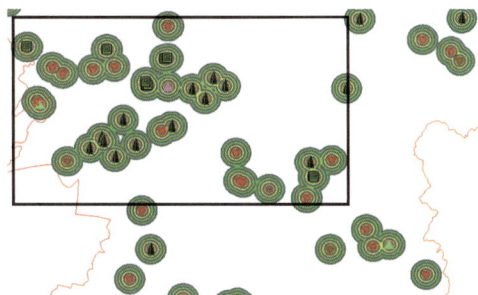

缓冲距离/m
- 0.00~100.00
- 100.00~200.00
- 200.00~300.00
- 300.00~400.00
- 400.00~500.00

图 6-8　火源点影响范围图

研究区南部的火源点主要为危化企业、加油（气）站，且分布较密集，存在 2 个独立缓冲带相互融合形成的特大型缓冲区，多个中小型缓冲区，如图 6-11 所示，对该区域形成较大火灾威胁，且威胁范围较广。

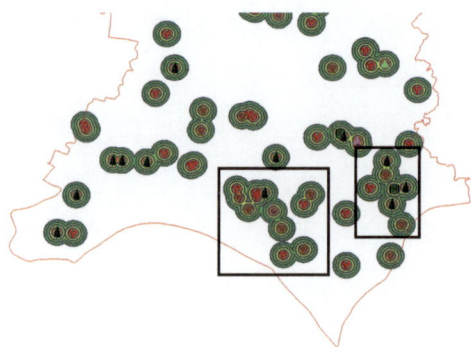

图 6-11　研究区南部火源点影响范围图

（2）火源点影响范围内的林木威胁分析

将研究区火源点的影响范围分析结果与研究区内的森林资源调查数据进行套合，得到落入不同类型火源点影响范围的林地小班，以及小班的主要威胁林地、优势树种和邻近的易燃树种，分析结果见表 6-2。

表 6-2　森林火源点类型及其主要威胁林木

火源点类型	火灾起因	主要威胁林地	优势树种	邻近的易燃树种
散坟	祭祀用火	乔木林	马尾松	马尾松
连片坟墓	祭祀用火	乔木林	其他硬阔	马尾松
公墓	祭祀用火	乔木林	速生相思	马尾松
游憩公园	游憩用火	乔木林	阔叶混交林	—
寺庙	祭祀用火	乔木林	毛竹	—
加油（气）站	生产用火	乔木林	阔叶混交林	—
危化企业	生产用火	乔木林	阔叶混交林	—

根据空间套合结果，研究区内的 139 个火源点落入林地小班 1432 个，火源点影响范围与小班重叠面积为 5446.43hm²，涉及乔木林地、竹林地、国家特别规定灌木林地、未成林造林地、苗圃地、采伐迹地、其他宜林地等林地地类，其中乔木林小班共 1214 个，面积为 4505.47hm²，成为主要受威胁林地类型，如图 6-12 所示。

散坟、连片坟墓火源点的火源点影响范围主要位于研究区东北部及中部，涉及林地小班 723 个，面积为 4918.09hm²，影响面积大，范围广，其中近半数散坟火源点紧邻油性树种马尾松为优势树种的小班，成为造成森林火灾的主要隐患。公墓火源点所在位置有 1 处落在乔木林地内，其他 3 处为非林地，但其外部影响范围覆盖了周围的乔木林地，且优势树种为油性树种马尾松，因此可能存在因祭祀用火对周围林地易造成森林火灾威胁。

游憩公园位于城市近郊或内部，包括各类城市公园及城市风景区，绿化程度较高，优势树种以阔叶混交林为主。其火源点影响范围涉及 656 个图斑，其中 432 个林地小班，面积为 1315.48hm²，主要威胁林种为乔木林。游憩公园引起火灾的主要原因为游憩用火。

寺庙的火源点影响范围涉及 65 个林地小班，面积为 427.87hm²，其中 2 座寺庙空间上被林地小班包围，1 座寺庙背靠乔木林密布的低丘缓坡，当寺庙出现火情时，对周围的乔木林地火灾威胁较大。另外，2 座寺庙位于城市内部，周围林地小班较少，森林火灾威胁相对较弱。

加油（气）站、危化企业火源点主要分布于城市主干道及城际公路旁，危化企业还分布于工业园区，两类火源点影响范围涉及 514 个图斑，其中 350 个林地小班，面积为 1055.64hm²。由于该两类火源点的分布特征，主要对城市绿化带、公园绿地、工业园区绿地内的林木可能造成火灾威胁。

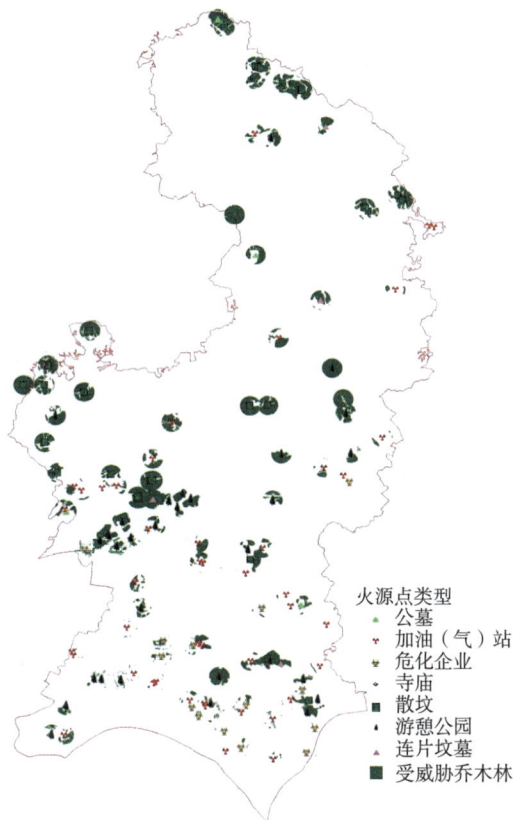

图 6-12 研究区火源点影响范围内受威胁乔木林分布图

6.3.2 森林病虫害防治

本小节主要介绍了数据挖掘技术在森林病虫害防治方向的具体应用，包括一个案例分析。

6.3.2.1　案例：松材线虫病区域分布分析

1. 挖掘目标的提出

松材线虫病被称为松树的"癌症"，松树一旦感染此病，40余天即可表现出枯死状，3~5年即可造成整片松林死亡，是全球森林生态系统中最具危险性、毁灭性的病害。自1982年在我国南京中山陵首次发现松材线虫病以来，疫情发展范围持续增加，发生面积快速增长，危害程度持续加重，损失的松树累计达数亿株，造成的直接经济损失和生态服务价值损失上千亿元，防控形势十分严峻。因此，通过遥感智能提取已感染松材线虫病的分布区域，并进行热点分析来识别松材线虫病高密度爆发区，对清理感染疫木、重点保护松树注药，控制病疫蔓延具有重要意义。

2. 数据收集

以广东省韶关市为研究区，收集研究区内通过遥感智能解译技术提取的松材线虫病真值图斑。

3. 数据预处理

将提取的松材线虫病真值图斑添加"发病阶段"，并进行面转点处理。研究区共有114263个松材线虫病发病点，如图6-13所示。

图6-13　研究区松材线虫病发病点分布图

4. 分析建模

（1）模型内容

以省、市、县或重点林区、指定大小的网格或直接的点要素为可选分析维度，通过热点分析模型，对松材线虫病发病分布点数据进行整体分布、发病阶段等多种模式的空间显著性聚类统计，输出松材线虫病的热点与冷点分布区域。

（2）算法选择

采用 Getis-Ord G_i^* 算法，对数据集中的每个要素计算 Getis-Ord G_i^* 并进行统计，通

过得到的 z 得分和 p 值，可以知道高值或低值要素在空间上发生聚类的位置。此模型的工作方式为：查看邻近要素环境中的每一个要素。高值要素往往容易引起注意，但可能不是具有显著统计学意义的热点。要成为具有显著统计学意义的热点，要素应具有高值，且被其他同样具有高值的要素包围。某个要素及其相邻要素的局部总和将与所有要素的总和进行比较；当局部总和与预期的局部总和有很大差异，以至于无法成为随机产生的结果时，会产生一个具有显著统计学意义的 z 得分。

Getis-Ord 局部统计可表示为：

$$G_i^* = \frac{\sum\limits_{j=1}^{n} w_{ij} x_j - \bar{X} \sum\limits_{j=1}^{n} w_{ij}}{S \sqrt{\dfrac{n \sum\limits_{j=i}^{n} w_{ij}^2 - \left(\sum\limits_{j=1}^{n} w_{ij} \right)^2}{n-1}}}$$

式中，x_j 是要素 j 的属性值；w_{ij} 是 i 和 j 之间的空间权重；n 为要素总数，且：

$$\bar{X} = \frac{\sum\limits_{j=1}^{n} x_j}{n}$$

$$S = \sqrt{\frac{\sum\limits_{j=1}^{n} x_j^2}{n} - \left(\bar{X} \right)^2}$$

G_i^* 统计是 z 得分。

使用 z 得分、p 值和置信区间（Gi_Bin）为输入要素类中的每个要素创建一个新的输出要素类。

为数据集中的每个要素返回的 G_i^* 统计就是 z 得分。对于具有显著统计学意义的正的 z 得分，z 得分越高，高值（热点）的聚类就越紧密。对于统计学上的显著性负 z 得分，z 得分越低，低值（冷点）的聚类就越紧密。

p 值表示概率。对于模式分析工具来说，p 值表示所观测到的空间模式是由某一随机过程创建而成的概率。当 p 值很小时，意味着所观测到的空间模式不太可能产生随机过程（小概率事件）。

置信区间会识别统计显著性的热点与冷点，置信区间 +3 到 −3 中的要素反映置信度为 99% 的统计显著性；置信区间 +2 到 −2 中的要素反映置信度为 95% 的统计显著性；置信区间 +1 到 −1 中的要素反映置信度为 90% 的统计显著性；置信区间 0 的要素不具有统计显著性。

（3）模型分析

松材线虫病区域分布模型分析流程如图 6-14 所示。

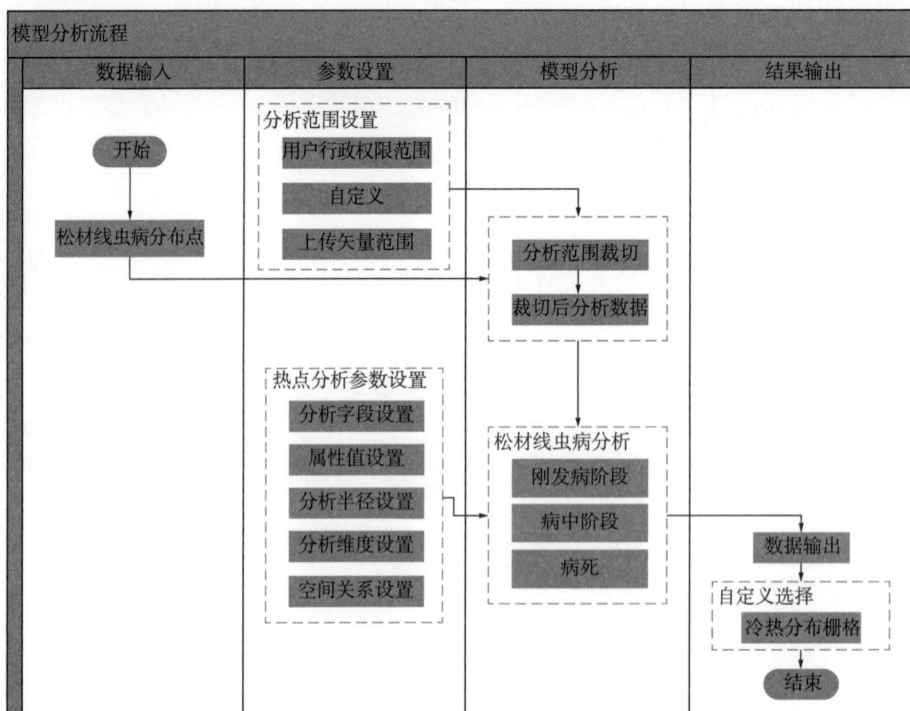

图 6-14　松材线虫病区域分布模型分析流程图

①当输入要素为面数据时需面转点，取面的几何中心点；

②输入分析的维度可能是网格或行政区划数据或直接的点要素，如果是网格或行政区划均需将点链接到分析维度数据上，若是网格，则用来汇聚输入的点数据到每个网格，以网格为目标分析图层，连接输入的点要素，新增 count 字段以记录落入每个网格的点数，作为事件数；

③也可采取临时空间链接模式进行计算，设置分析邻域，邻域的设置不得小于网格尺寸，以保证统计样本量；

④设置时间步长（若需要），若设置了步长，需对每个时间步长内的要素进行分析，时间步长应保证足够的样本量；

⑤若以用户自输入网格范围进行的分析结果，可依据行政区划范围进行裁切。

（4）分析参数

包括分析字段、空间关系类型、距离法、距离阈值、分析维度等。

5. 结果分析

（1）松材线虫病冷热点统计显著性分析

在研究区松材线虫病发病点要素上构建 1km 面网格作为分析维度，然后点连接到网格上，并对落在每个网格内的点进行计数，作为分析字段。对松材线虫病发病点数据集中的每个要素计算 z 得分，表 6-3 显示了不同置信度下未经校正的临界 z 得分和临界 p 值。

z 得分高 p 值小，则表示有一个高值的空间聚类，当 z 得分大于 3.21 且 p 值小于 0.00132 时，研究区松材线虫病发病点的热点聚类程度最大，且具有 99% 的置信度；当 z 得分大于 2.49 小于 3.21 且 p 值小于 0.01266 时，研究区松材线虫病发病点的热点聚类程度相对较大；当 z 得分大于 2.06 小于 2.49 且 p 值小于 0.03918 时，研究区松材线虫病发病点的热点具有一定聚类。

如果 z 得分低并为负数而 p 值小，则表示有一个低值的空间聚类，当 z 得分小于 −3.20 且 p 值小于 0.00133 时，研究区松材线虫病发病点的冷点聚类程度最大，且具有 99% 的置信度；当 z 得分小于 −2.49 大于 −3.20 且 p 值小于 0.01274 时，研究区松材线虫病发病点的冷点聚类程度相对较大；当 z 得分小于 −2.05 大于 −2.49 且 p 值小于 0.03993 时，研究区松材线虫病发病点的冷点具有一定聚类。

如果 z 得分接近于 0，则表示不存在明显的空间聚类，即无统计意义。

表 6-3　不同置信度下的松材线虫病临界 z 得分和临界 p 值

z 得分	p 值	置信区间	置信度	分析结果
$z < -3.20$	<0.00133	−3	99%	冷点，具有置信度为 99% 的统计显著性
$-3.20 < z < -2.49$	<0.01274	−2	95%	冷点，具有置信度为 95% 的统计显著性
$-2.49 < z < -2.05$	<0.03993	−1	90%	冷点，具有置信度为 90% 的统计显著性
接近于 0	—	0	—	无统计意义
$2.49 > z > 2.06$	<0.03918	1	90%	热点，具有置信度为 90% 的统计显著性
$3.21 > z > 2.49$	<0.01266	2	95%	热点，具有置信度为 95% 的统计显著性
$z > 3.21$	<0.00132	3	99%	热点，具有置信度为 99% 的统计显著性

（2）松材线虫病冷热点空间布局分析

研究区松材线虫病发病点的冷热点分析结果空间布局如图 6-15 所示。研究区东北部深红色的区域，z 值大于 3.21，该区域被高值包围，呈现出了明显的高值聚类且连续分布。由此可以得出，研究区东北向是松材线虫病爆发的高危地区，需要采取着重的预防及治理措施。另外，研究区中部也存在两处高值聚集区，但属于小范围高值区域，外围被无统计意义区域包围，为相对孤立的高危爆发区。

研究区西北部、西南部主要为蓝色区域分布，z 值低于 −3.2，这些区域被低值所包围，呈现出低值聚类，为松材线虫病发病点分布相对较少的地区，即冷点区域。

其他浅色区域的 z 值趋近于 0，为非统计特征区域。

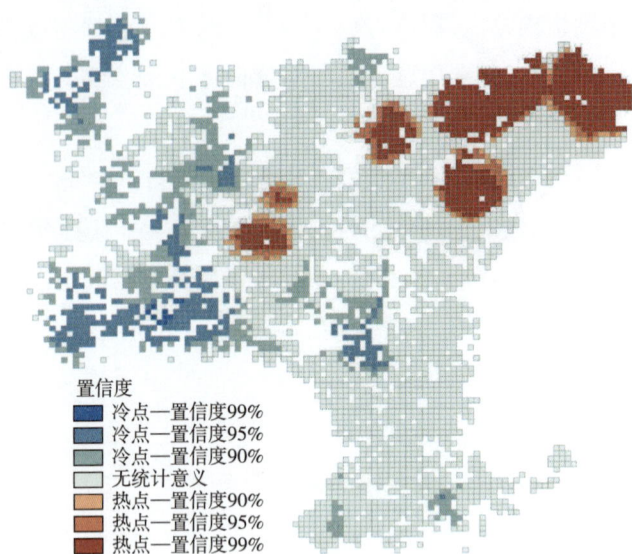

置信度
- 冷点—置信度99%
- 冷点—置信度95%
- 冷点—置信度90%
- 无统计意义
- 热点—置信度90%
- 热点—置信度95%
- 热点—置信度99%

图 6-15　研究区松材线虫病冷热点空间布局图

6.3.3　森林资源保护

本小节主要介绍了数据挖掘技术在森林资源保护方向的具体应用，包括两个案例分析。

6.3.3.1　案例一：森林资源变化分析

1. 挖掘目标的提出

森林资源对维持陆地森林生态的平衡起着至关重要的作用，精准统计分析森林资源的动态变化，及时准确地了解和掌握森林资源现状，是科学经营管理森林资源的前提条件。因此，分析不同年度、不同类型的林地的流入、流出，宏观上可直接反映森林资源的整体保护情况，微观上可反映森林空间格局变化及面积消长体量，其分析结果可用于森林资源保护、森林执法督察等业务的辅助决策，也可给当地政府和林业部门在森林资源结构优化和生态产品价值实现等方面提供发展建议，对实现森林资源的可持续发展有着重要意义。

2. 数据收集与分析

（1）数据收集

以广东省广州市为研究区，收集 2018 年、2020 年度森林资源"一张图"数据。

（2）数据分析

数据分析主要内容包括数据结构、数据坐标、数据图形和属性信息等。数据图形方面主要检查是否存在面的拓扑问题，属性信息方面主要检查是否存在非法值。对分析的结果输出数据分析报告。

3. 数据预处理

根据数据分析报告，对于不符合生产标准的数据结构进行统一变换；对图形存在的拓扑错误进行纠正处理，对属性信息中非法值进行清洗。

4. 分析建模

（1）模型内容

对任意两期或多期森林资源"一张图"数据进行变化分析，分析采用两两分组进行，以两个年度为时间粒度进行流入、流出分析，输出分组分析的数据结果，记录变化类别。

（2）算法选择

组合多个子功能，如矢量叠加分析、碎面处理、椭球面积计算等组成变化分析模型。

①矢量叠加分析：

矢量叠加分析是指将同一地区、同一比例尺、同一数学基础，不同信息表达的两组或多组专题要素的图形及其属性数据进行叠加（图6-16），根据各类要素位置、形态关系建立具有多重属性组合的新图层。

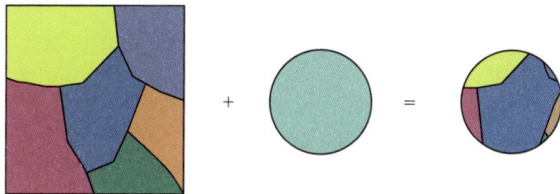

图6-16　矢量叠加分析示意图

②椭球面积计算：

$$S = 4\pi\left[\left(a^2 b + b^2 a\right)/\right]\left(a^2 + b^2\right)$$

式中，S 为椭球的表面积；a 和 b 分别为椭球的两个半轴长度。

（3）模型分析

森林资源变化模型分析流程如图6-17所示。

①整库流入分析。

依据统计粒度，提取两个时相整库数据的"地类图斑面积"进行汇总，以截止年份减去起始年份同一地类的地类图斑面积，若差值大于0，即为流入面积，若差值小于等于0，则表示无流入。此种统计流入情况仅统计流入的量，不考虑流向。

②整库流入流向分析。

矢量空间叠加：a. 以两个时相的林地小班进行矢量空间叠加和几何运算，根据地类字段、空间范围判断两个图层林地小班是否发生变化，生成一个包括基准图层与叠加图层属性的新图层，且新图层包含变化与非变化部分的图斑，输出的新要素类的每个图斑赋予唯一标识字段 bh_bsm；b. 新增 bh_aera 字段以记录变化区域面积；c. 新增 bh_type 字段以记录变化类别，字段值取 –1、0、1 分别表示流出、流入和不变，流出、流入字段值填写 –1、1。

碎面处理：完成矢量空间叠加、裁切后出现碎面，当碎面面积小于$50m^2$，将不提取碎面。

流向流量统计：通过矢量空间叠加数据中截止年份数据的地类名称字段，汇总其每一地类下重复区域中起始年份不同地类的椭球面积，即为该地类流入面积。

③整库流出分析。

依据统计粒度，提取连续两个时相整库数据的"地类图斑面积"进行汇总，以起始年份减去截止年份同一地类的地类图斑面积，若差值大于0，即为流出面积，若差值小于等于0，则表示无流出。此种统计流出情况仅统计流出的量，不考虑流向。

④整库流出流向分析。

该分析所使用的矢量空间叠加、碎面处理算法与②类似，此处不再赘述，仅流向流量统计方法采用逆向统计即可，如通过矢量空间叠加数据中起始年份数据的地类名称字段，汇总其每一地类下重复区域中截止年份不同地类的椭球面积即为该地类的流出面积。

（4）分析参数

包括分析维度、分析字段、变化类别、数据时间等。

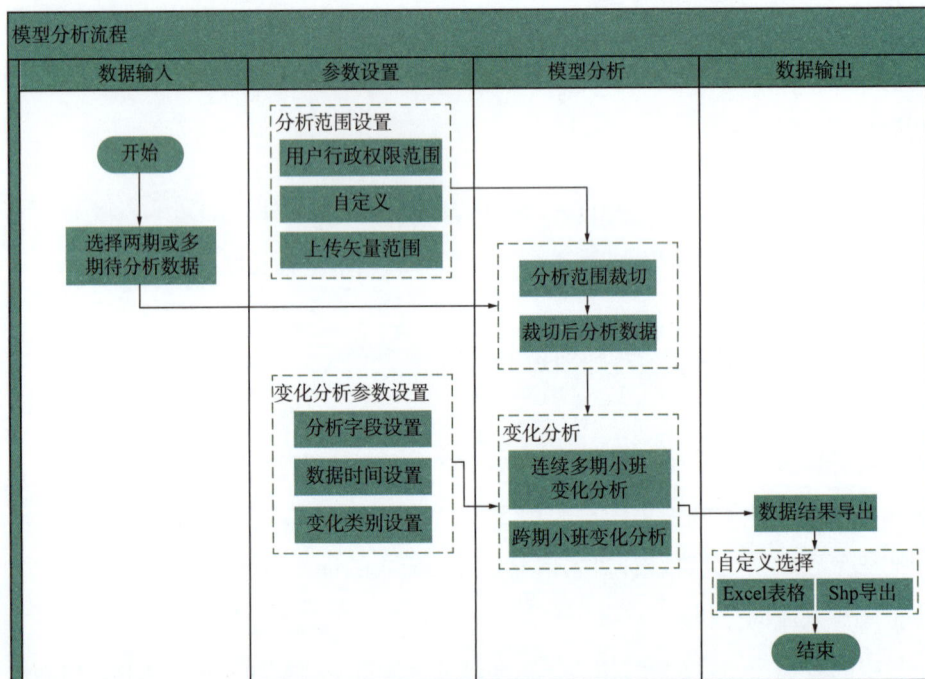

图 6-17　森林资源变化模型分析流程图

5. 结果分析

对比分析研究区 2018 年和 2020 年森林资源变化情况，提取的森林资源变化图斑如图 6-18，地类具体转移变化见表 6-4。

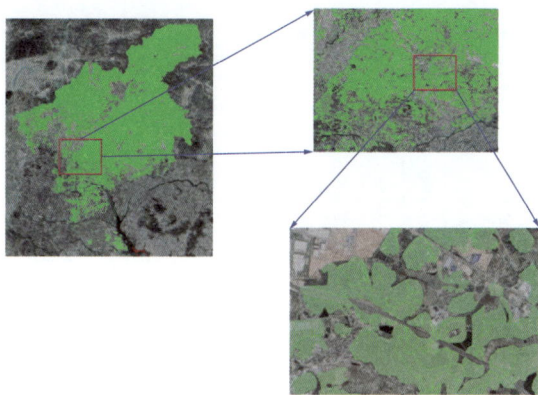

图 6-18　森林资源变化图斑分布图

（1）乔木林地转变为非林地

2018—2020 年，由于城镇经济建设行为，占用乔木林的主要类型为城乡居民建设用地、工矿建设用地、其他用地、交通建设用地。其中，乔木林地转变为未经审核审批建设项目使用林地 10.1141hm^2，临时占用林地 44.2777hm^2，城乡居民建设用地 118.5150hm^2，工矿建设用地 282.3241hm^2，其他用地 1041.4690hm^2，交通建设用地 456.0225hm^2。

另外，乔木林地转变为未利用地面积也较大，为 456.1946hm^2。

（2）乔木林与其他林地类型之间的转变

由于林业采伐作业带来的乔木林地变化，主要体现在乔木林地转变为采伐迹地，变化面积 3069.4864hm^2。

由于林业生产计划导致的乔木林地变化，主要为乔木林地转变为未成林造林地和林业辅助生产用地。其中，转变为未成林造林地范围较大，达 580.3004hm^2。

由于林分优化调整，少量乔木林地转变为国家特别规定灌木林地，部分转变为竹林地，其他无立木林地。其中，转变为竹林地的面积较大，达 266.7420hm^2。

由于国土绿化政策推行及林业生产计划的落实，2018—2020 年，未成林造林地、采伐迹地、其他宜林地向乔木林地的转变量分别为 902.3694hm^2、870.5896hm^2、31.7175hm^2。

（3）其他林地类型转变为非林地

竹林地转变为非林地，主要转变为交通建设用地，面积为 39.5167hm^2。

国家特别规定灌木林地转变为非林地，主要转变为工矿建设用地、交通建设用地、其他用地，面积分别为 39.1324hm^2、56.6457hm^2、38.2914hm^2。

其他无立木林地转变为非林地，主要转变为城乡居民建设用地、工矿建设用地、其他用地、交通用地等，其中城乡居民建设用地转变面积达 112.8674hm^2，工矿建设用地转变面积达 184.7506hm^2。

其他宜林地转变为非林地，主要变化为其他用地，面积为 43.5381hm^2。

表 6-4 研究区 2018—2020 地类变化转移矩阵

单位：hm²

变化年份	地类	乔木林	红树林	竹林	疏林地	国家特别规定灌木林地	其他灌木林地	未成林造林地	未成林封育地	苗圃地	采伐迹地
2018—2020	乔木林地	281141.0944	0.0000	266.7420	0.1161	16.1948	0.0007	580.3004	0.0000	0.0002	3069.4864
	红树林地	0.0000	233.1515	0.0000	0.0000	0.0000	0.0000	0.0000	0.0000	0.0000	0.0000
	竹林地	43.1872	0.0000	7783.5836	0.0000	0.0005	0.0000	0.3409	0.0000	0.0000	10.5095
	疏林地	8.3147	0.0000	0.0000	581.4979	0.0000	0.0000	0.0000	0.0000	0.0000	0.9017
	国家特别规定灌木林地	13.5267	0.0000	0.0005	0.0000	14379.9484	0.0001	0.9173	0.0000	0.0000	13.2943
	其他灌木林地	5.9595	0.0000	0.0000	0.0000	0.0001	524.8217	0.0000	0.0000	0.0000	0.0000
	未成林造林地	902.3694	0.0000	0.0001	0.0586	0.0001	0.0000	3850.0380	0.0000	0.0000	96.1568
	未成林封育地	0.0002	0.0000	0.0000	0.0000	0.0000	0.0000	0.0000	0.0000	0.0000	0.0000
	苗圃地	1.6132	0.0000	0.0000	0.0000	0.0000	0.0000	0.0000	0.0000	227.8825	0.0000
	采伐迹地	870.5896	0.0000	0.0000	0.7936	0.0002	0.0000	185.3892	0.0000	0.0000	2124.2953
	火烧迹地	0.0002	0.0000	0.0000	0.0000	0.0000	0.0000	0.0000	0.0000	0.0000	0.0000
	其他无立木林地	24.3419	0.0000	0.1061	0.0000	1.8733	0.0000	14.1877	0.0000	0.0861	0.1391
	毁林开垦	0.0001	0.0000	0.0000	0.0000	0.0000	0.0000	0.0000	0.0000	0.0000	0.0000
	临时占用	0.0056	0.0000	0.0001	0.0000	0.0001	0.0000	2.3053	0.0000	0.0001	0.0001
	地震、塌方、泥石流	0.0000	0.0000	0.0000	0.0000	0.0000	0.0000	0.0000	0.0000	0.0000	0.0000
	未经审核审批建设项目使用林地	0.0000	0.0000	0.0000	0.0000	0.0000	0.0000	0.0000	0.0000	0.0000	0.0000
	宜林荒山荒地	3.2168	0.0000	0.0000	0.0000	0.0000	0.0000	0.0000	0.0000	0.0000	0.0000
	宜林沙荒地	0.0001	0.0000	0.0000	0.0000	0.0000	0.0000	0.0000	0.0000	0.0000	0.0000
	红树林滩涂地	0.0000	0.0000	0.0000	0.0000	0.0000	0.0000	0.0000	0.0000	0.0000	0.0000
	其他宜林地	31.7175	0.0000	0.0423	0.0000	1.3898	0.0000	0.9297	0.0000	0.2054	0.7572
	林业辅助生产用地	4.1809	0.0000	0.4784	0.0000	0.0000	0.0000	0.0000	0.0000	0.0000	0.0000
	农用地	0.0003	0.0000	0.0000	0.0000	0.0000	0.0000	0.0000	0.0000	0.0000	0.0000

续表

变化年份	地类	乔木林	红树林	竹林	疏林地	国家特别规定灌木林地	其他灌木林地	未成林造林地	未成林封育地	苗圃地	采伐迹地
2018—2020	牧草地	0.0000	0.0000	0.0000	0.0000	0.0000	0.0000	0.0000	0.0000	0.0000	0.0000
	水利用地（湿地）	0.6431	0.0001	0.0007	0.0000	0.0005	0.0000	0.0001	0.0000	0.0000	0.0000
	未利用地	0.0342	0.0000	0.0022	0.0000	0.0002	0.0000	0.0003	0.0000	0.0000	0.0004
	工矿建设用地	0.0000	0.0000	0.0000	0.0000	0.0000	0.0000	0.0000	0.0000	0.0000	0.0000
	城乡居民建设用地	0.0005	0.0000	0.0000	0.0000	0.0001	0.0000	0.0000	0.0000	0.0000	0.0000
	交通建设用地	0.0003	0.0000	0.0000	0.0000	0.0001	0.0000	0.0000	0.0000	0.0000	0.0000
	其他用地	0.0001	0.0000	0.0000	0.0000	0.0000	0.0000	0.0000	0.0000	0.0000	0.0000

表6-4 研究区 2018—2020 地类变化转移矩阵（续）

单位：hm²

变化年份	地类	火烧迹地	其他无立木林地	毁林开垦	临时占用	地震、塌方、泥石流	未经审核审批建设项目使用林地	宜林荒山荒地	宜林沙荒地	红树林滩涂地	其他宜林地
2018—2020	乔木林地	1.0843	50.9237	0.9766	44.2777	15.6157	10.1141	0.0002	0.0001	0.0000	0.0097
	红树林地	0.0000	0.0000	0.0000	0.0000	0.0000	0.0000	0.0000	0.0000	0.0000	0.0000
	竹林地	0.0000	4.8394	0.0000	3.5415	0.0000	0.0000	0.0000	0.0000	0.0000	0.0001
	疏林地	0.0000	0.2479	0.0000	0.0000	0.1622	0.0000	0.0000	0.0000	0.0000	0.0000
	国家特别规定灌木林地	0.0000	8.7961	0.0000	2.6046	0.0000	0.0000	0.0000	0.0000	0.0000	0.0004
	其他灌木林地	0.0000	0.0	0.0000	0.0000	0.0000	0.0000	0.0000	0.0000	0.0000	0.0000
	未成林造林地	0.0000	0.0001	0.0000	1.8050	0.0000	0.0000	0.0000	0.0001	0.0000	0.0000
	未成林封育地	0.0000	0.0000	0.0000	0.0000	0.0000	0.0000	0.0000	0.0000	0.0000	0.0000
	苗圃地	0.0000	0.0000	0.0000	0.0000	0.0000	0.0000	0.0000	0.0000	0.0000	0.0000
	采伐迹地	0.0000	3.8141	0.0000	0.0000	0.0000	0.0000	0.0000	0.0000	0.0000	0.0007

变化年份	地类	火烧迹地	其他无立木林地	毁林开垦	临时占用	地震、塌方、泥石流	未经审核审批建设项目使用林地	宜林荒山荒地	宜林沙荒地	红树林滩涂地	其他宜林地
	火烧迹地	307.2930	0.0000	0.0000	0.0000	0.0000	0.0000	0.0000	0.0000	0.0000	0.0000
	其他无立木林地	0.0000	3496.7101	0.0000	1.0738	0.1566	0.3676	0.0000	0.0000	0.0000	0.0003
	毁林开垦	0.0000	0.0000	33.6324	0.0000	0.0000	0.0000	0.0000	0.0000	0.0000	0.0000
	临时占用	0.0000	0.0024	0.0000	410.0204	0.0000	0.0000	0.0000	0.0000	0.0000	0.0001
	地震、塌方、泥石流	0.0000	0.0000	0.0000	0.0000	0.7597	0.0000	0.0000	0.0000	0.0000	0.0000
	未经审核审批建设项目使用林地	0.0000	0.0000	0.0000	0.0000	0.0000	0.0000	0.0000	0.0000	0.0000	0.0000
	宜林荒山荒地	0.0000	0.0000	0.0000	0.0000	0.0000	0.0000	128.7691	0.0000	0.0000	0.0000
	宜林沙荒地	0.0000	0.0000	0.0000	0.0000	0.0000	0.0000	0.0000	143.4679	0.0000	0.0000
	红树林滩涂地	0.0000	0.0000	0.0000	0.0000	0.0000	0.0000	0.0000	0.0000	0.0000	0.0000
2018—2020	其他宜林地	0.0000	0.0003	1.0541	1.6484	0.0000	0.0000	0.0000	0.0000	0.0000	2550.0596
	林业辅助生产用地	0.0000	0.0000	0.0000	0.0000	0.0000	0.0000	0.0000	0.0000	0.0000	0.0000
	农用地	0.0000	0.0000	0.0000	0.0000	0.0000	0.0000	0.0000	0.0000	0.0000	0.0000
	牧草地	0.0000	0.0046	0.0000	0.0000	0.0000	0.0000	0.0000	0.0000	0.0000	0.0000
	水利用地（湿地）	0.0000	0.0003	0.0000	0.0001	0.0000	0.0000	0.0000	0.0000	0.0000	0.0002
	未利用地	0.0000	0.0000	0.0000	0.0000	0.0000	0.0000	0.0000	0.0000	0.0000	0.0000
	工矿建设用地	0.0000	0.0000	0.0000	0.0000	0.0000	0.0000	0.0000	0.0000	0.0000	0.0000
	城乡居民建设用地	0.0000	0.0000	0.0000	0.0000	0.0000	0.0000	0.0000	0.0000	0.0000	0.0000
	交通建设用地	0.0000	0.0000	0.0000	0.0000	0.0000	0.0000	0.0000	0.0000	0.0000	0.0000
	其他用地	0.0000	0.0000	0.0000	0.0000	0.0000	0.0000	0.0000	0.0000	0.0000	0.0000

单位：hm²

表6-4 研究区2018—2020地类变化转移矩阵（续）

变化年份	地类	林业辅助生产用地	农用地	牧草地	水利用地（湿地）	未利用地	工矿建设用地	城乡居民建设用地	交通建设用地	其他用地
2018—2020	乔木林地	35.7799	46.8257	0.0000	15.5059	456.1946	282.3241	118.5150	456.0225	1041.4690
	红树林地	0.0000	0.0000	0.0000	0.0000	0.0000	0.0000	0.0000	0.0000	0.0000
	竹林地	2.3759	1.1699	0.0000	0.0007	0.7187	1.5954	6.4674	39.5167	4.4862
	疏林地	0.0000	0.0000	0.0000	0.0000	0.0000	0.0000	0.0000	0.0000	0.0000
	国家特别规定灌木林地	3.0402	28.4214	0.0000	0.0007	20.5446	39.1324	20.0087	56.6457	38.2914
	其他灌木林地	0.0000	0.0000	0.0000	0.0000	0.0000	0.0000	0.0000	0.0000	0.0000
	未成林造林地	0.0776	0.0000	0.0000	0.0000	0.0004	0.0000	0.0000	3.3423	8.7227
	未成林封育地	0.0000	0.0000	0.0000	0.0000	0.0000	0.0000	0.0000	0.0000	0.0000
	苗圃地	0.4095	0.0000	0.0000	0.0000	0.0002	0.3197	0.1358	0.7720	0.5338
	采伐迹地	0.0000	0.0000	0.0000	0.0000	0.0000	0.0000	0.2291	6.6415	9.1600
	火烧迹地	0.0000	0.0000	0.0000	0.0000	0.0000	0.0000	0.0000	0.0000	3.8547
	其他无立木林地	0.4013	3.5775	0.0000	9.1676	0.0004	184.7506	112.8674	40.3716	253.2651
	毁林开垦	0.0000	0.0000	0.0000	0.0000	0.0000	0.0000	0.0000	0.0000	4.8701
	临时占用	0.0000	0.0000	0.0000	0.0000	0.0031	1.1275	0.0000	1.6102	17.6527
	地震、塌方、泥石流	0.0000	0.0000	0.0000	0.0000	0.0000	0.0000	0.0000	0.0000	0.0000
	未经审核审批建设项目使用林地	0.0000	0.0000	0.0000	0.0000	0.0000	0.0000	0.0000	0.0000	0.0000
	宜林荒山荒地	0.0000	0.0000	0.0000	0.0000	0.0000	0.0000	0.6762	0.0000	0.0000
	宜林沙荒地	0.0000	0.0000	0.0000	0.0000	0.0000	0.0000	0.0000	0.0000	0.0000
	红树林滩涂地	0.0000	0.0000	0.0000	0.0000	0.0000	0.0000	0.0000	0.0000	0.0000
	其他宜林地	0.0000	1.1445	0.0000	0.0002	0.0439	16.1986	1.8902	7.3596	43.5381

变化年份	地类	林业辅助生产用地	农用地	牧草地	水利用地（湿地）	未利用地	工矿建设用地	城乡居民建设用地	交通建设用地	其他用地
2018—2020	林业辅助生产用地	31.6638	0.0000	0.0000	0.0000	0.0000	0.0000	0.0000	0.0000	0.0000
	农用地	0.0000	266411.4800	0.0000	0.0000	0.0000	0.0000	0.0000	0.0000	0.0000
	牧草地	0.0000	0.0000	83.7700	0.0000	0.0000	0.0000	0.0000	0.0000	0.0000
	水利用地（湿地）	0.0000	0.0000	0.0000	985388.9700	0.0000	0.0000	0.0000	0.0000	0.0000
	未利用地	0.4332	0.0000	0.0000	0.0000	40265.4000	0.0000	0.0000	0.0000	0.0000
	工矿建设用地	0.0000	0.0000	0.0000	0.0000	0.0000	11594.5100	0.0000	0.0000	0.0000
	城乡居民建设用地	0.0000	0.0000	0.0000	0.0000	0.0000	0.0000	50089.7200	0.0000	0.0000
	交通建设用地	0.0000	0.0000	0.0000	0.0000	0.0000	0.0000	0.0000	17649.8300	0.0000
	其他用地	0.0000	0.0000	0.0000	0.0000	0.0000	0.0000	0.0000	0.0000	6485.1300

6.3.3.2 案例二：基于密度的林区交通网分析

1. 挖掘目标的提出

林区交通建设是林业基础设施建设的重要内容，关系到林区经济的发展和森林资源的保护。林区道路按照使用性质区分，可划分为汽车行驶专用道路、集材道路、运材道路、防火道路和内部道路。若缺乏完整、合理的林区道路，大型采伐设备和运输车辆将无法进入林区内，会降低林区树木的采伐作业与运输效率，同时防火救援队伍也无法及时展开救援，会造成重大的森林火灾损失。因此，为了判断林区内的交通网通达性，可对林区内的交通路网进行线密度分析，识别林区内现有道路分布的稀疏情况，以及"断头路"情况，为新老林区科学规划路网、合理设计林区道路、提升道路建设的实效性、林区道路养护管理提供分析依据，并有助于降低林业产业生产成本，增加森林资源管护的密度和频次，推动生态文明建设向更高水平迈进。

2. 数据收集与分析

（1）数据收集

选取位于广东省广州市黄埔区的某林区为研究区，收集研究区 1∶25 万基础地理信息数据；收集分辨率优于 2m 的最新卫星遥感影像作为辅助数据，以及林区主干道日交通观测数据等。

（2）数据分析

抽取研究区主要林区 1∶25 万基础地理信息数据中道路线数据，分析道路线数据的坐标系统、图形完整性、偏移情况、图形拓扑错误等。

3. 数据预处理

对照研究区分辨率优于 2m 的最新卫星遥感影像数据，核对林区道路数量是否完全，若存在缺失可对照影像进行采集补充；对于偏移出主要路面的道路线，参照影像纠正至路面概略中心位置；对于路线出现不连通错误的，而影像纹理表现实际连通的，进行连通处理，对于线打折等常见线错误进行剔除处理；将林区主干道日交通观测数据作为道路密度分析的加权值，填入道路属性中。

4. 分析建模

（1）模型内容

采用密度分析模型，对林区内的交通路网线对象进行线密度分析，输出交通路网的线密度分析栅格。

（2）算法选择

采用线密度分析算法，来计算特定区域内线状要素的密度，即通过计算每个栅格像元邻域内线要素的长度、密度。它是以栅格像元为中心，以一定的搜索半径画圆，每条线要素可有 Population 字段，该字段表示线要素应被统计的次数，每条线上落入该圆部分的长度与 Population 字段值相乘，再对这些数值进行求和，然后将所得的总和除以圆面积，从而得到密度值。例如，假设线 $L1$ 和 $L2$ 表示各条线上落入圆内部分的长度，相应的 Population 字段值分别为 $V1$ 和 $V2$，则 Density = （（$L1 * V1$）+（$L2 * V2$））/（area_of_circle），如 Population 字段值为 NONE，则线的长度将等于线的实际长度。

（3）模型分析

基于密度的林区交通网密度模型分析流程如图 6-19 所示。

①按照指定分析维度，提取研究区内典型林区道路网；

②读取 Population 字段内的林区主干道日交通观测数值作为计算权重；

③对研究区内典型林区道路分布情况及通行量统计情况进行密度分析，对于输入的道路数据采用线密度分析算法进行分析，输出分析结果。

（4）分析参数

包括分析维度、像元大小、分析半径、距离阈值、面积单位等。

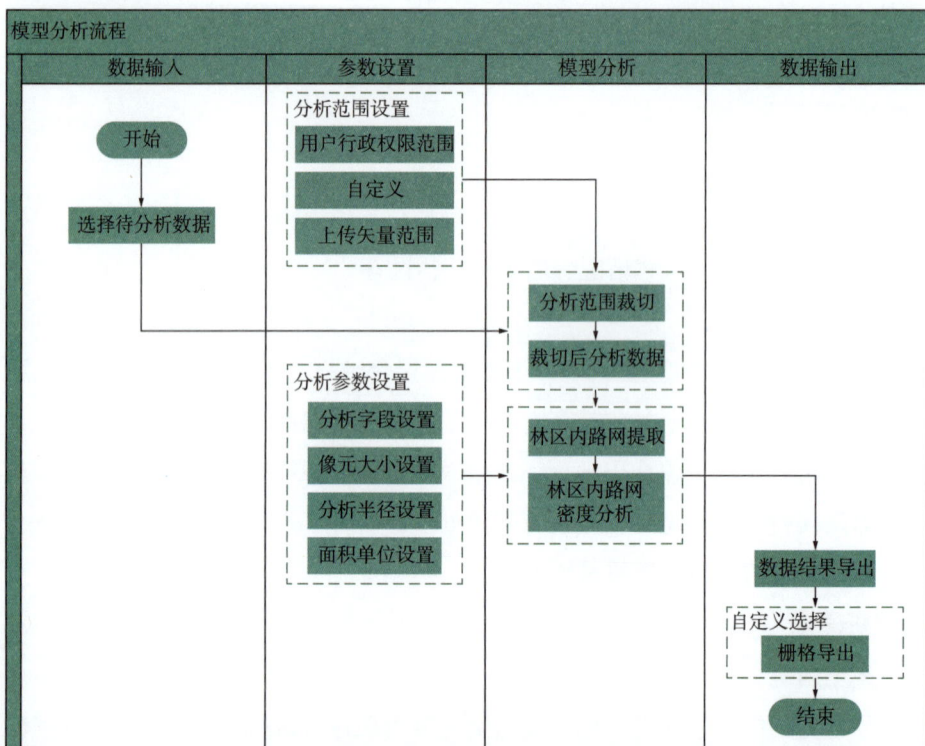

图 6-19 基于密度的林区交通网密度模型分析流程图

5. 结果分析

（1）林区道路类型与连通性情况分析

研究区内典型林区道路类型主要包括连接林区外部等级公路和林区专用道路。其中林区外部等级公路包括高速公路、县道、乡道、其他公路，林区专用道路包括 10 条集材道路、11 条运材道路、6 条防火道路和 21 条内部道路，如图 6-20 所示。林区主干专用道路与外部等级公路道路连接，车辆日通行量较高，如场部—沙溪工区乡道作为林区主要干道，贯穿林区与北京—广州高速公路连通，另有 2 条运材道路直接与北京—广州高速公路连通。林区主干路与周边村庄连通，如场部—沙溪工区乡道连接沿线村庄。林区内部部分集材道路、运材道路存在"断头路"，部分内部道路也未与主干道路连接，此类"断头路"将不利于林区采伐作业。

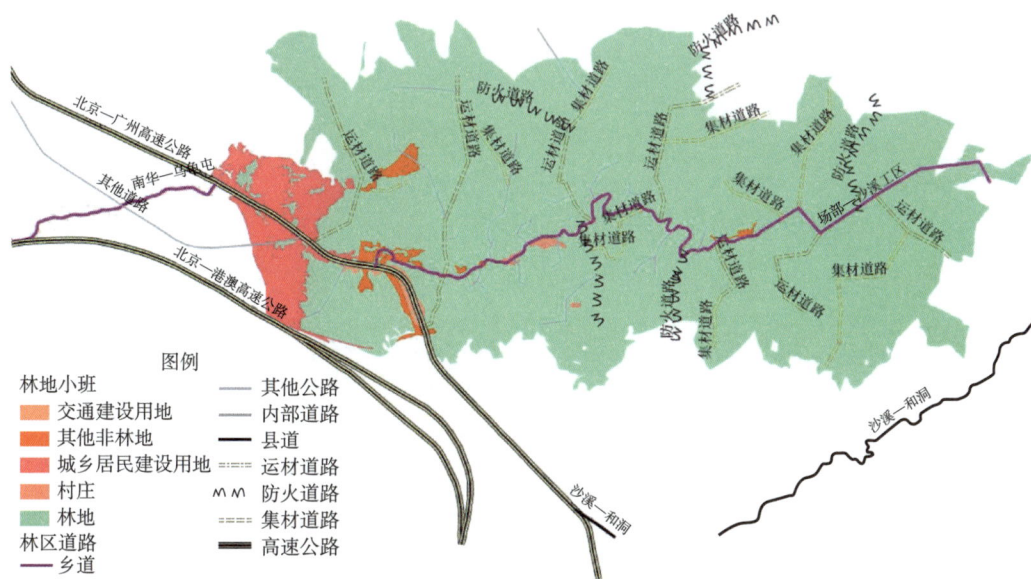

图 6-20　林区路网分布图

（2）林区道路网密度分析

选择研究区内典型林区内道路分布情况及通行量统计情况进行线密度分析，穿越林区的场部—沙溪工区乡道密度值最高，如图 6-21 所示。林区集材道路、运材道路、防火道路和内部道路均与该主干道路中段部分（A 区）相连接，此处密度值整体位于 500以上，交叉路口范围密度值达到 800 以上，车辆日通行量最高。林区主干路与周边村庄及外部高速公路连通，表明林区此处交通通达性高，路网分布较密集，有利于大型采伐设备和运输车辆进入林区，提升林区采伐作业与运输效率。B 区右侧仅有 2 条防火通道，无其他集材道路、运材道路及内部道路，道路密度值在 250 以下，反映道路稀疏，为适应林区生产作业，应结合周边道路类型与分布情况，科学规划路网，合理设计该区域道路，提升路网通达性。

另外，从道路周边林地小班类型来看（图 6-22），深入林区的道路以穿越乔木林地的道路密度最高，竹林地次之，未成林造林地、采伐迹地、林业辅助生产用地等对交通要求较高的林地周边的道路分布及使用密度均较高。

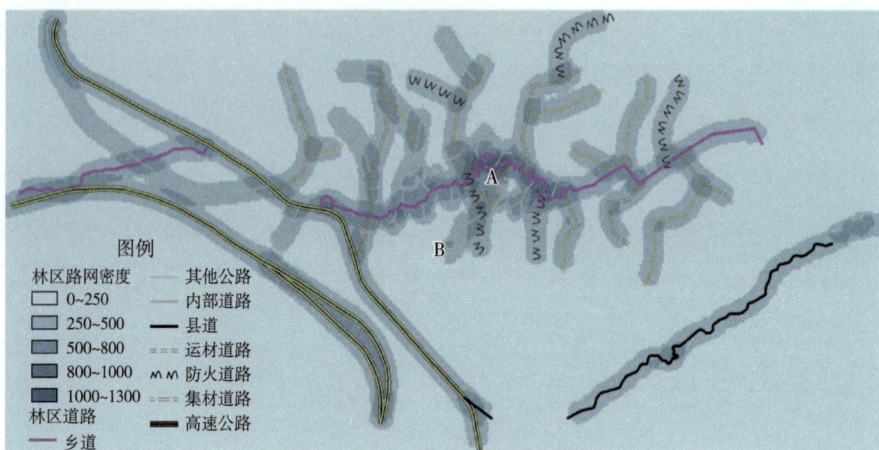

图 6-21　林区交通网密度图

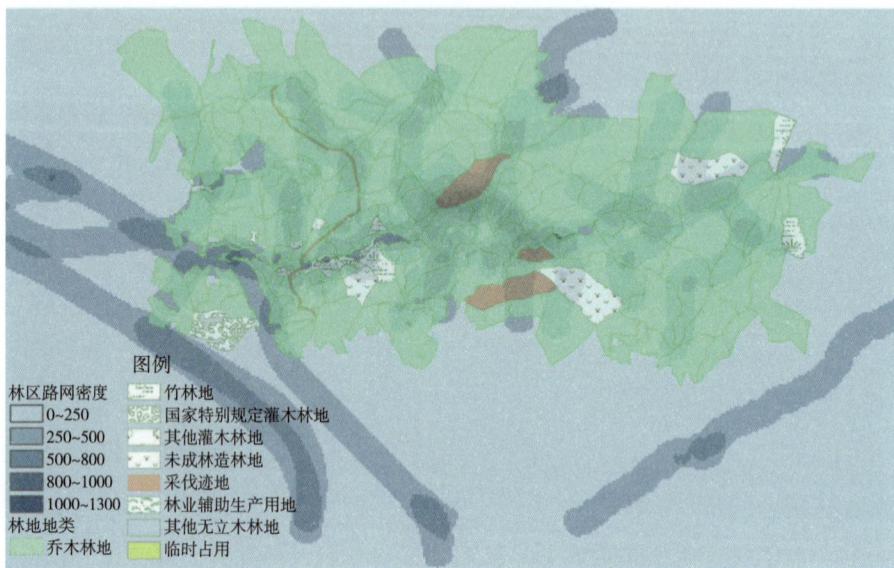

图 6-22　林区道路密度与林地小班套合图

6.3.4　营造林选址与改造

本小节主要介绍了数据挖掘技术在营造林选址与改造方向的具体应用，包括两个案例分析。

6.3.4.1　案例一：重点生态区域桉树林改造

1. 挖掘目标的提出

桉树具有生长快、产材多、经济效益好、固碳能力强等优点，由于一些地方大面积发展桉树纯林，且未科学选址，导致产生了一系列生态问题。如在纬度过高、海拔过高、坡度过陡的区域种植桉树，导致桉树生长不良或受灾严重；在生态重要区域连片种植短轮伐期桉树速丰林，对水土保持等产生不利影响；在交通干线两旁连片种植桉树纯林，林相单调，影响森林景观。但通过合理布局、科学培育，完全可以将种植桉树对生态环境的影响降至最低，实现经济效益、生态效益和社会效益的"多赢"。

因此，利用森林资源调查等数据，结合桉树种植相关政策要求，开展重点生态区域桉树林改造分析，可科学指导已种植桉树林区域改造，切实做到因地制宜、适地适树，有效维护国家生态安全和国土安全。

2. 数据收集与分析

（1）数据收集

以广东省肇庆市为研究区，收集研究区森林资源、省级以上公益林区、自然保护区、基本农田、江河源头、饮用水源地保护区、风景名胜区、世界自然遗产保护地、高速公路铁路、四级以上河流水库等数据，收集分辨率优于 2m 的最新卫星遥感影像及 DEM 数据作为辅助数据。

（2）数据分析

主要分析森林资源、省级以上公益林区、自然保护区、基本农田、江河源头、饮用水源地保护区、风景名胜区、世界自然遗产保护地、高速公路铁路、四级以上河流水库等数据的数据格式、数据结构、坐标系统、图形的完整性、偏移情况、拓扑错误等，数据分析结果以分析报告的形式输出。

3. 数据预处理

①对于森林资源调查数据、省级以上公益林区、自然保护区、基本农田等数据根据分析内容，按照统一的数据标准进行数据结构的变换。

②处理江河源头、饮用水源地保护区、风景名胜区、世界自然遗产保护地等数据的面折刺、重面、异常节点、面空洞等拓扑问题。对于缺失的重要图形查阅权威资料进行补充。

③对照研究区最新的卫星影像数据，核对高速公路铁路、四级以上河流水库数量是否准确，若存在缺失可对照影像进行采集补充。对于偏移出主要路面的公路、铁路线，参照影像纠正至路面概略中心位置。对于路线出现不连通错误的，进行连通处理。对于线打折、断头线等常见线错误的，进行剔除处理。

④对于大型河流面缺失的，参照最新的卫星影像数据补充对应的河流面。以线表示的河流偏出所在河流面的，参照影像纠正至河流面概率中心位置。对于已消失的河流进行剔除处理。对于河流面出现的面折刺、面节点异常、极小面等拓扑问题进行处理。

⑤对于大中型水库缺失的，参照最新的卫星影像数据补充对应的水库水面。对于已消失的水库进行剔除处理。对于水库水面出现的面折刺、面节点异常、极小面等拓扑问题进行处理。

⑥由于参与模型分析的数据源较多、分析场景较复杂，需要根据规定为每一类数据赋予计算优先级，制定优先级映射文件。

4. 分析建模

（1）模型内容

组合视域分析、视域增强分析、叠置分析等多种分析模型构建重点生态区域桉树林改造模型，开展二三维协同空间分析，提取禁止种植桉树的空间范围（如基本农田范围内，省级以上公益林区、自然保护区、江河源头、饮用水源保护区、风景名胜区、世界自然遗产保护地范围内，高速公路、铁路两旁和主要河流两岸一定范围内可视一面坡、水库倒水第一面坡范围内，等等），识别已在禁种范围内种植桉树的区域，并输出相关结果。

（2）算法选择

①视域分析是采用基于路径的可视域分析方法，可视一面坡的界定范围在理论上为可视域。LOS（Light of Sight）视线法是视域分析最为常见也最为基础的算法，利用 LOS 算法，来解决复杂场景下的可视性分析问题，其核心思想是以视点 O 为观察点开始，向目标点 T（1，2，…，n）发出一系列射线，判断射线是否在中途被遮挡，如果未被遮挡，则两点通视。视线和视域计算是建立在数字高程模型的基础上的，具体算法就是简单地计算观察点与目标点之间的高度关系，从而给出是否通视的结论。对于输入的 DEM 和给定观测半径 n 的观测范围内的每一个格网点，都通过 LOS 算法来求它对视点的可视性。用 LOS 算法求可视性时，建立从视点到它的地形剖面和可视线，并求出地形剖面与网格线的交点。观察点与目标点的可视性判断如图 6-23 所示。

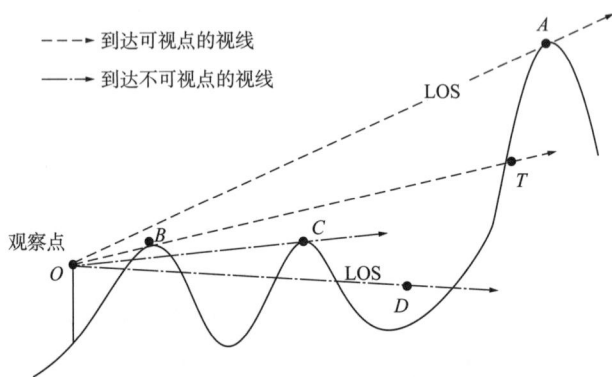

图 6-23　观察点与目标点的可视性判断[35]

本案例要解决的视域计算问题是求算高速公路、铁路两旁和主要河流两岸一定范围内可视一面坡，属于点对线的通视，即已知视点，计算视点的视野。求点的视野涉及计算视点的视野线，以及确定哪些地形表面上的点是可见的，需要注意的是，对于视野线之外的任何一个地形表面上的点都是不可见的，但在视野线内的点有可能可见，也可能不可见。基于网格 DEM 的点对线通视算法[36]如下：

设 P 点为一沿着 DEM 数据边缘顺时针移动的点，与计算点对点的通视相仿，求视点到 P 点投影直线上点集 $\{x,\ y\}$，并求出相应的地形剖面 $\{x,\ y,\ Z(x,\ y)\}$。

计算视点至每个 $P_K\left(P_k \in \{x,\ y,\ Z(x,\ y)\},\ k=1,\ 2,\ ...,\ k-1\right)$ 与 Z 轴的夹角 β_k。

$$\beta_k = \arctan\left(\frac{k}{Z_{pk} - Z_{vp}}\right)$$

求得 $\alpha = \min\{\beta_k\}$，α 对应的点就为视点视野线的一个点。

移动 P 点，重复以上过程，直到 P 点回到初始为止，算法结束。

②视域增强分析是在视域分析算法的基础上，采用 Alpha Shape 算法对一些提取效果进行优化。Alpha Shape 算法是由 Edelsbrunner 等人于 1982 年提出，它是一种基于空间点集的拟合曲面的算法，又称滚球法，是一种提取边界点的算法。如图 6-25 所示，Alpha Shape 算法可以通过给定的一些散点，在散点上设置一个半径为 Alpha 的球在上面滚动，最后出来的线就是轮廓线。本案例要解决水库倒水第一面坡范围的提取，则需要采用 Alpha Shape 算法对倒水第一面坡的边界点进行提取。

③叠置分析是一种非常重要且应用十分广泛的空间分析算法，它是将多个数据集的特征合并为一个特征，来进行空间逻辑的交、并、差运算，查找具有某一特定组属性值的特定位置或区域。所涉及的图层中，至少有一个图层是多边形图层，称为基本图层，参考层则可能是点、线或多边形图层。

图 6-25　Alpha Shape 算法示意图

（3）模型分析

重点生态区域桉树林改造模型分析流程如图 6-25 所示。

①为了后期的统计分析需要，为所有参与该模型运算的输入数据添加 TYPE 字段进行数据类型区分。

②输入 DEM 数据及高速公路线、铁路线、河流水面及线等数据，对高速公路、铁路和主要河流进行可视域分析，分析距离参数可灵活调整，输出范围为可视一面坡，为所提的结果添加 TYPE 字段并赋值。

③输入 DEM 数据、水库二维面数据、水库大坝二维数据等，对水库进行视域增强分析，提取倒水第一面坡范围，为所提的结果添加 TYPE 字段并赋值。

④由于规定的模型计算提取的禁止种植桉树的区域之间均存在空间范围交叉，因而需为所有禁止种植桉树的区域和模型计算的禁止种植区域赋予重要性优先级，并根据优先级将禁止种植区域进行图层空间叠置分析，处理拓扑重叠部分的重分配，输出完整的

禁止种植桉树结果。

⑤提取森林资源"一张图"中优势树种为桉树的小班，与禁止种植桉树结果图层进行空间叠置分析，提取落入各类禁止种植桉树区分内的桉树小班，对于跨界的部分进行切分，为被切分的小班重算椭球面积。

（4）分析参数

包括分析字段、分析范围、优先级列表、分析维度等。

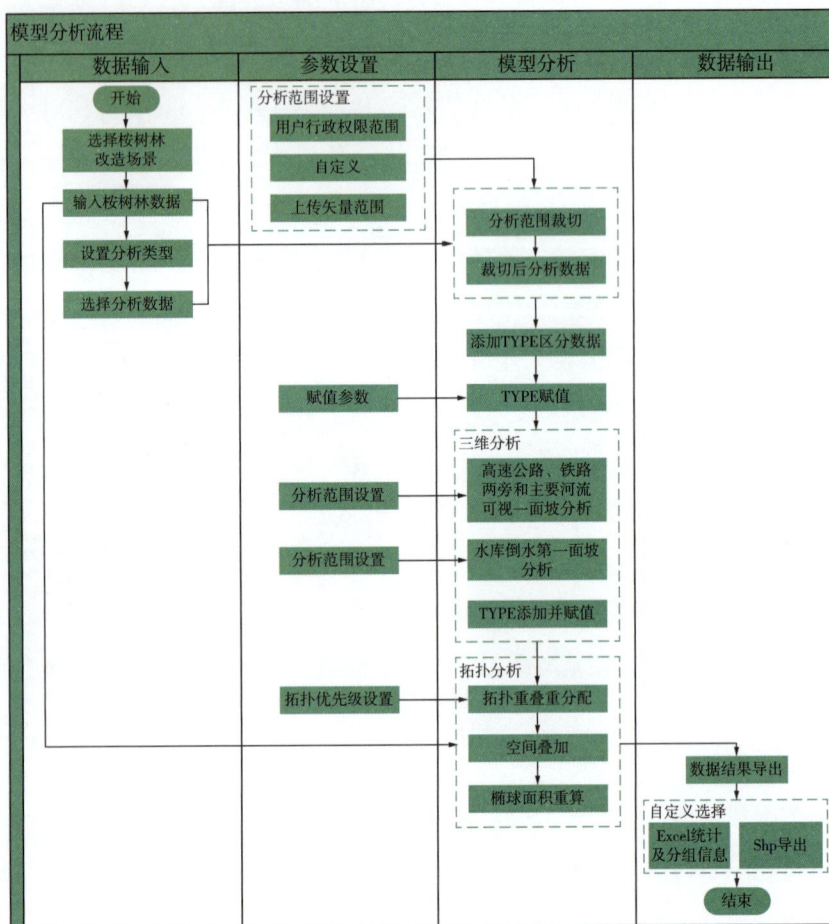

模型分析流程

数据输入	参数设置	模型分析	数据输出

数据输入：开始 → 选择桉树林改造场景 → 输入桉树林数据 → 设置分析类型 → 选择分析数据

参数设置：分析范围设置（用户行政权限范围、自定义、上传矢量范围）；赋值参数；分析范围设置；分析范围设置；拓扑优先级设置

模型分析：分析范围裁切 → 裁切后分析数据 → 添加TYPE区分数据 → TYPE赋值 → 三维分析（高速公路、铁路两旁和主要河流可视一面坡分析 → 水库倒水第一面坡分析 → TYPE添加并赋值）→ 拓扑分析（拓扑重叠重分配 → 空间叠加 → 椭球面积重算）

数据输出：数据结果导出 → 自定义选择（Excel统计及分组信息、Shp导出）→ 结束

图 6-25　重点生态区域桉树林改造模型分析流程图

5. 结果分析

（1）禁止种植桉树的范围提取

研究区禁止种植桉树的范围包括两类，一类是基本农田、省级以上公益林区、自然保护区、饮用水源保护区、风景名胜区等，以上这些区域经预处理后提取的成果数据可直接作为禁止种植桉树的范围。另外一类是由高速公路、铁路、河流等主干线要素提取的两旁或两岸一定范围内的可视一面坡（图6-26、图6-27），以及以水库建筑和蓄水范围为基准提取的倒水第一面坡范围（图6-28）。

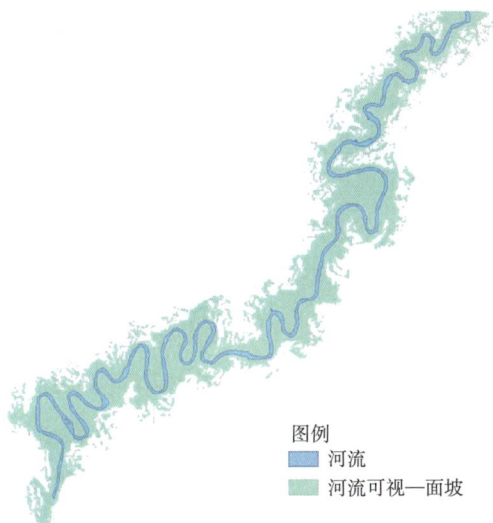

图 6-26　河流可视一面坡提取示意图

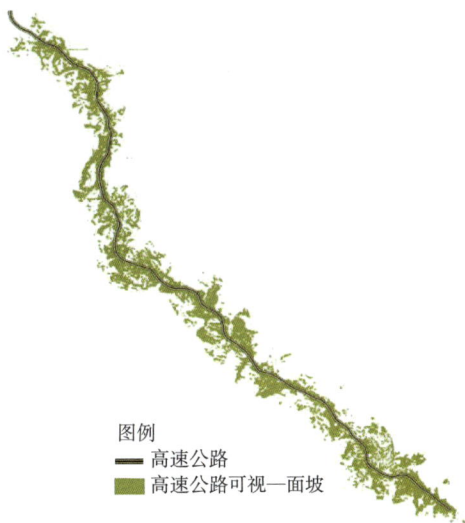

图 6-27　高速公路可视一面坡提取示意图

图 6-28　水库倒水第一面坡提取示意图

（2）需改造的桉树小班分析

①落入禁止种植桉树区的桉树小班空间布局。

研究区落入禁止种植桉树区的桉树林小班共 2039 个，空间布局如图 6-29 所示，主要分布在研究区西南部和东南部的自然保护区、风景名胜区，以及主要高速公路两旁和主要河流两岸。

②需改造的桉树小班数量与面积统计。

研究区内落入禁止种植区的桉树小班总面积 1073.20hm²，各类禁止种植区内落入的桉树小班个数及面积统计见表 6-5。其中，落入基本农田的桉树小班 16 个，面积 84.15hm²；落入自然保护区的桉树小班 1396 个，面积 453.10hm²；落入饮用水源保护区的桉树小班 4 个，面积 3.54hm²；落入省级以上公益林区的桉树小班 214 个，面积 293.84hm²；落入高速公路、铁路两旁和主要河流沿岸 2km 范围可视一面坡的桉树小班 489 个，面积 529.67hm²；落入水库倒水一面坡的桉树小班 138 个，面积 63.74hm²。

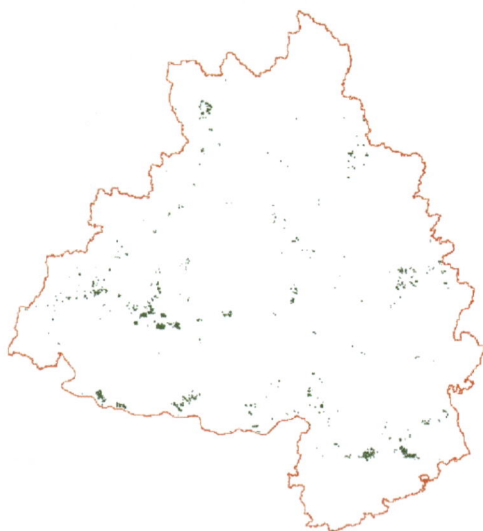

图 6-29　研究区内落入禁止种植桉树区的待改造桉树小班分布图

表 6-5　各类禁止种植区域落入的桉树小班数量及面积

禁止种植区域	落入桉树小班数量 / 个	落入面积 /hm²
基本农田	16	84.15
自然保护区	1396	453.10
江河源头	0	0
饮用水源保护区	4	3.54
风景名胜区	0	0
世界自然遗产保护地	0	0
省级以上公益林区	214	293.84
高速公路、铁路两旁和主要河流沿岸 2km 范围可视一面坡	489	529.67
水库倒水第一面坡	138	63.74

注：自然保护区与省级以上公益林区、河流可视一面坡存在重叠空间，落入的桉树小班均分别进行统计。

6.3.4.2　案例二：特殊禁种禁伐范围识别提取

1. 挖掘目标的提出

国土绿化是一项复杂的系统工程，既要遵循自然规律，又要综合考虑土地利用结构、土地适宜性等因素，科学划定绿化用地。以宜林荒山、荒地、荒滩、荒废和受损山体、退化林地草地等为主开展绿化。结合城市更新，采取拆违建绿、留白增绿等方式，增加城市绿地。鼓励特大城市、超大城市通过建设用地腾挪、农用地转用等方式加大留白增绿力度，留足绿化空间。鼓励通过农村土地综合整治，利用废弃闲置土地增加村庄绿地；结合高标准农田建设，科学规范、因害设防建设农田防护林。依法合规开展铁路、公路、河渠两侧及湖库周边等绿化建设。严禁违规占用耕地绿化造林，确需占用的，必须依法依规严格履行审批手续。遏制耕地"非农化"、防止"非粮化"。严禁开山造地、填湖填海绿化，禁止在河湖管理范围内种植阻碍行洪的树种。

同时，根据《电力设施保护条例》，任何单位和个人不得在电力线路保护区（导线边线向外侧水平延伸并垂直于地面内的距离：1~10kV 为 5m，35~110kV 为 10m，154~330kV 为 15m，500kV 为 20m，750kV 为 25m，800~1000kV 为 30m）内种植可能危及电力线路安全的植物，在架空电力线路保护区内已种植或必须种植树木时，需保持树木自然生长最终高度和架空电力线路导线之间的距离符合安全距离的要求。为了保护湿地资源生态安全、水系绿化，各地相继出台了相关绿化的条例，规定江河两岸、湖泊、水库沿岸、饮用水源地等一定范围内无相关批准，严禁采伐，同时对防护林建设提出明确要求。

因此，按照相关规定要求，对电力线等禁种区进行识别与提取，可为绿化造林规划设计与改造提供辅助。对江河两岸、湖泊、水库沿岸、饮用水源地等主要水域水面一定范围内的禁伐区进行识别与提取，可为湿地资源管理、水系绿化管理及周边防护林建设提供分析依据。

2. 数据收集与分析

（1）数据收集

以广东省为研究区，收集研究区最新的 1∶100 万公众版基础地理信息数据、1∶25 万基础地理信息数据和分辨率优于 2m 的最新卫星遥感影像数据。

（2）数据分析

分析抽取 1∶100 万公众版基础地理信息数据中管线数，分析提取 1∶25 万基础地理信息数据中江河、湖泊、水库等水域水面数据，并对照卫星遥感影像数据核检数据的完整性及错误。

研究区内不同电压值的高压线分布如图 6-30 所示。

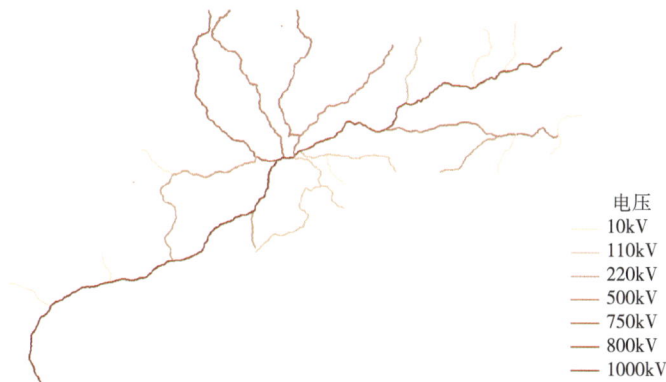

电压
— 10kV
— 110kV
— 220kV
— 500kV
— 750kV
— 800kV
— 1000kV

图 6-30 研究区高压线分布

3. 数据预处理

对于抽取的高压线出现的线打折、断头线等错误进行处理；选取广东省西北部林地小班分布密集且重要水域较多的区域作为主要分析区域，对于大型河流面、湖泊水面、水库面缺失的参照影像进行补充，对于已消失的河流及水库进行剔除处理，对于水域面进行拓扑检查，对河流面、湖泊水面、水库面、饮用水源区面出现的面内自相交、面折刺、面节点异常、极小面等拓扑问题进行处理。

4.分析建模

（1）模型内容

采用 5m、10m、15m、20m、25m、30m 等缓冲距离参数，对高压线数据进行单线或多线的多级线缓冲分析，输出高压线的单距离单环缓冲带。

采用 30m 等缓冲距离参数，对河流水面、湖泊水面、水库、饮用水源地数据进行单面或多面的面缓冲分析，输出水域水面的 30m 多环缓冲带。

（2）算法选择

欧式缓冲区算法，即测量平面坐标中的距离，该平面用来计算平坦表面上两点之间的直线距离，适用于分析处于一个投影带内的相对较小的区域。

（3）模型分析

特殊禁种禁伐范围识别提取模型分析流程如图 6-31 所示。

①根据需求，输入线要素或面要素。

②为输入的高压线数据选择线缓冲分析算法，设置主要参数，并考虑端点处的建立原则，形成缓冲区缓冲带可以两侧对称，如果线段存在拓扑关系，可以只在左侧或右侧建立缓冲区，或两侧生成不对称缓冲区，包括单线、多线和分级线形成的缓冲区。

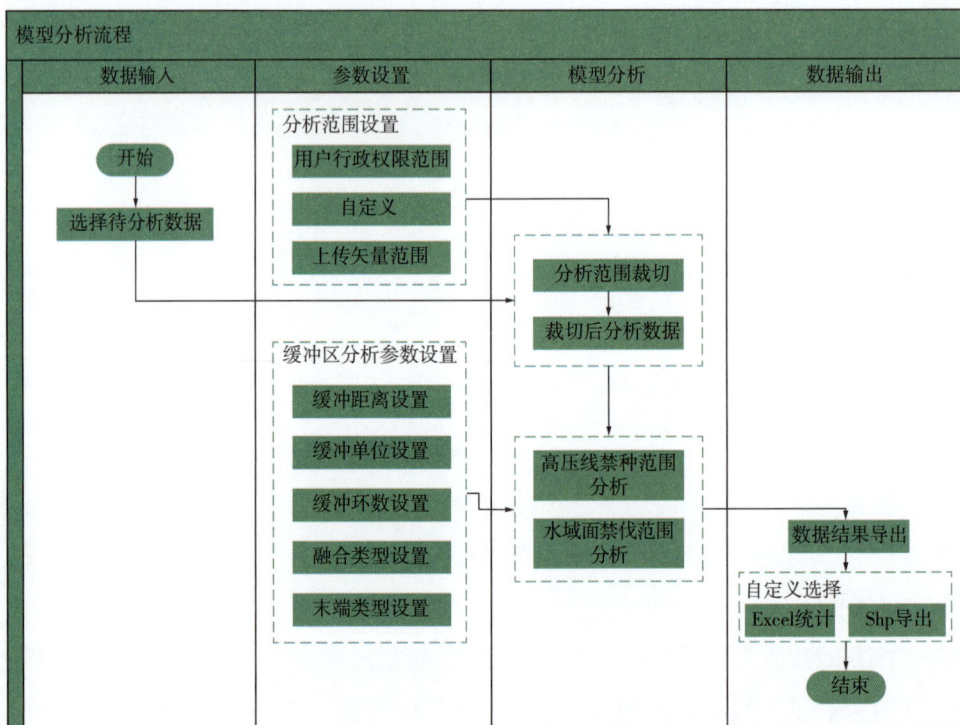

图 6-31　特殊禁种禁伐范围识别提取模型分析流程图

③为河流水面、湖泊水面等单面或多面要素选择面缓冲分析算法，设置主要参数，生成内侧或外侧缓冲区。

（4）分析参数

包括距离参数、缓冲环数、线性单位、侧类型、末端类型、融合类型、融合字段等。

5. 结果分析

（1）高压线禁种范围识别提取

为避免植物种植破坏地下输电设施，按照架空电力线路保护区安全距离为单侧边线向外延伸10kV为5m，35~110kV为10m，220kV为15m，500kV为20m，750kV为25m，800~1000kV为30m的要求，高压线两侧指定缓冲区内是不安全范围即禁种范围，超过此距离则是安全范围，通过输出不同电压值高压线的不同半径缓冲区，可建立多级安全控制范围，如图6-32所示。

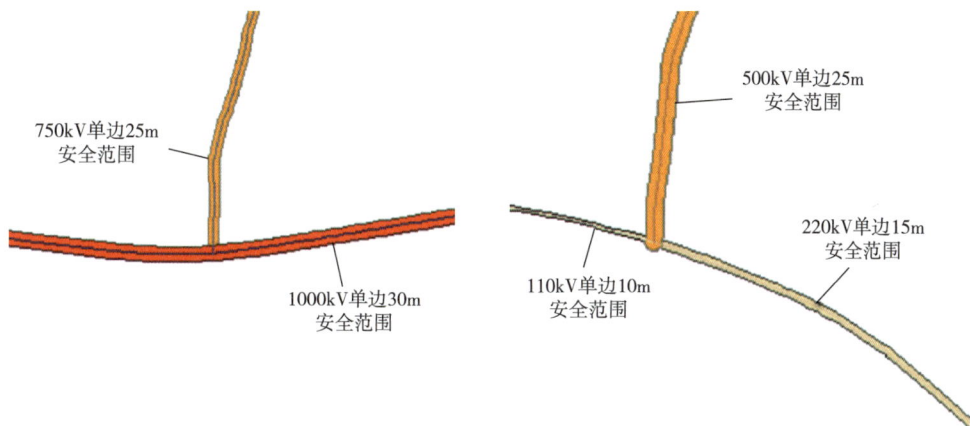

图 6-32 不同电压值高压线的安全距离范围

（2）重要水域禁伐范围识别提取

根据相关规定，重要河流、饮用水源区、湖泊、水库周边30m缓冲区，即为禁伐范围，如图6-33所示。

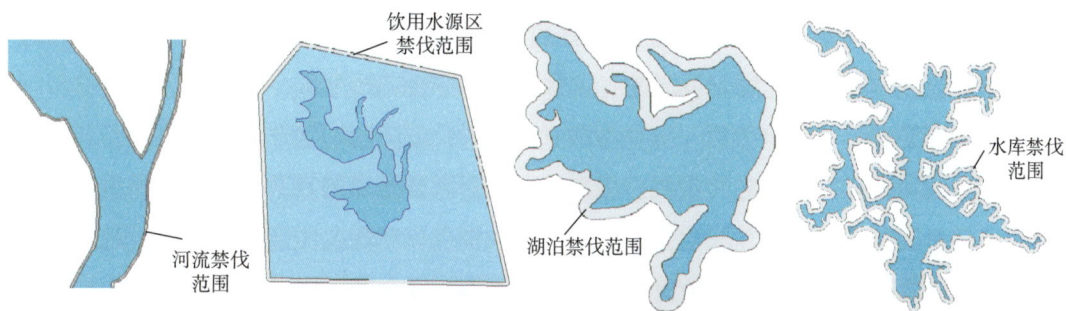

图 6-33 重要水域 30m 禁止采伐范围

森林质量精准提升

本小节主要介绍了数据挖掘技术在森林质量精准提升方向的具体应用，包括三个案例分析。

6.3.5.1 案例一：桉树分布面积聚类分析

1. 挖掘目标的提出

桉树是世界著名的速生树种，生长迅速，适应性强，用途广泛，经济价值高，是优良的用材林、防护林、道路种树，在我国得到了迅速发展，取得了良好的经济效益、社会效益。但桉树产业在发展的过程中也带来了一些负面影响，如造成地力衰退、生物多样性减少等生态环境问题，通过对桉树生态问题的详细分析，发现桉树人工林的生态问题可通过合理栽培，如改良造林技术、集约经营等进行改善，并提高桉树人工林的木质量和生态效应。

因此，利用聚类分析将桉树按照某个特定标准（如距离准则）分割成不同的类或簇，使得同一个簇内数据对象的相似性尽可能大，同时不在同一个簇中的数据对象的差异性也尽可能地大，来了解桉树林的空间结构及其平均长势，可为调整桉树种植密度，科学制定桉树营造林计划提供理论依据。

2. 数据收集与分析

（1）数据收集

以广东省作为研究区，收集研究区最新的森林资源"一张图"数据。

（2）数据分析

数据分析主要内容包括数据结构、数据坐标、数据图形和属性信息等。数据图形方面主要检查是否存在面的拓扑问题，对于属性信息的分析主要是核检优势树种、平均树高等关键分析字段内容的完整性以及是否存在非法值。

3. 数据预处理

根据数据分析结果，对于不符合数据标准的数据结构、坐标系统进行统一变换，对图形存在的拓扑错误进行纠正处理，对属性信息中非法值进行清洗，对关键字段平均树高的缺省值进行补充，同理对平均树高的离群值进行检测并处理。

4. 分析建模

（1）模型内容

基于聚类分析模型，首先根据指定的分析维度进行空间范围的汇总统计：基于某一指定属性字段进行统计（包括个数、求和、平均值、最大值、最小值等多种统计方法）；其次是分组聚类，依据分析层级（市、县、乡等），基于指定属性统计的值进行聚类，聚类方法包含自然断点法和给定分组规则。

（2）算法选择

自然断点法，运用了聚类的思维，使每一组内部的相似性最大，而外部组与组之间的相异性最大，并兼顾每一组之间的要素范围和个数尽量相近。它可以用来检测空间数据中的聚类、簇和缺失点，以及对数据的模式和趋势进行分析。该方法使用空间相关性函数来计算每个点与其邻居点之间的关系，以此识别空间数据中的自然断点。

（3）模型分析

桉树分布面积聚类模型分析流程如图 6-34 所示。

①输入研究区林地小班优势树种字段值域为桉树的小班。

②指定分析维度，设置主要分析参数，对桉树小班面积按照市级、县级等维度进行空间统计汇总。

③将各维度汇总统计结果按照自然断点法进行分组聚类，输出分类结果。

（4）分析参数

包括分析维度、分析字段、分析属性值、统计指标、分组数量等。

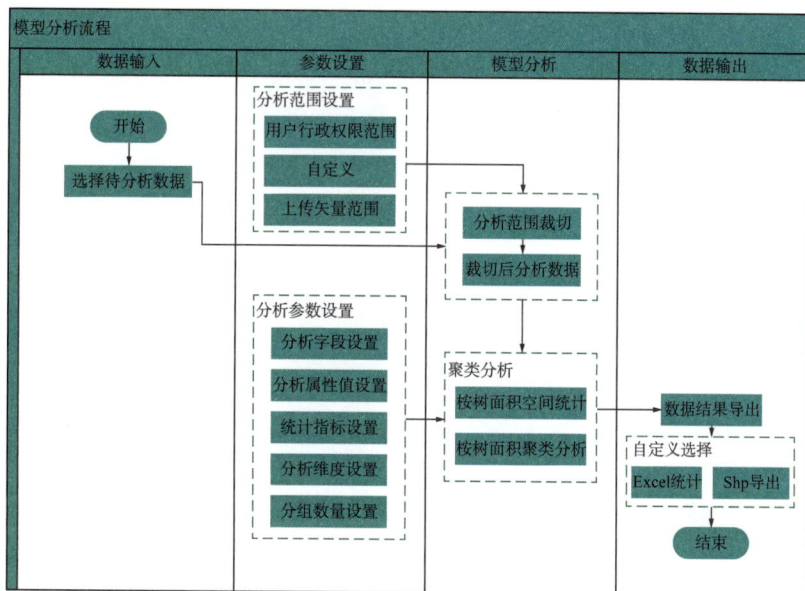

图 6-34 桉树分布面积聚类模型分析流程图

5. 结果分析

根据自然断点法按县级维度将研究区内的桉树面积聚类划分为 5 个组，各组的分组区间见表 6-6。

表 6-6 桉树面积分组表

Group	0	1	2	3	4
Group 范围 /hm²	0~8109.22	8289.74~9942.18	10223.80~10426.91	10632.25~19389.64	20029.16~83573.10

根据各组空间分布格局和聚类统计（图6-35），粤西和珠三角部分地区桉树分布较多面积较大，尤其是湛江市和肇庆市，这是当地政策支持和高度集约化经营的结果；粤北地区桉树林面积明显较低，这是由于粤北处于北回归线以北，温度较低，不适宜桉树生长。具体情况如下：

Group为0的县（区）有77个，平均值仅1924.14hm²，在该组中距离中位数较远，表明该组整体桉树面积总量较低。仅有1个县（区）桉树面积达到8000hm²以上，5000hm²以上的有10个县（区），多数集中在3000hm²以下，1000hm²以上的不同县（区）之间面积差相对较大。空间分布上，Group为0的桉树分布的区域主要集中在粤北、粤东部分地区以及珠江三角洲发达地区。

Group为1的县（区）有6个，平均值8888.90hm²，距离中位数较近，除组内最小面积与最大面积县（区）的面积差较大外，其他县（区）的桉树面积相对均衡。空间分布上，Group为1的桉树分布较为零散，主要是广州市从化区、东莞市、惠来县、陆河县、连平县、韶关市浈江区等。

Group为2的县（区）有3个，平均值10347.96hm²，桉树面积差是各组内最小的。该3个县（区）空间分布上也较为分散，分别为揭西县、郁南县、徐闻县。

Group为3的县（区）有23个，平均值15366.53hm²，其中有13个县（区）的桉树面积达到15000hm²以上。空间上主要分布于粤东地区的梅州市、粤西地区的云浮市和茂名市，其他分散于粤中地区。

Group为4的县（区）有32个，平均值39650.19hm²，距离该组内中位数较远，组内面积差较大，仅有1个县（区）桉树面积达到80000hm²以上，仅7个县（区）的桉树面积超过中位数50000hm²。空间上主要分布于粤东地区的梅州市、河源市、惠州市，粤北地区的清远市、肇庆市，粤西南地区的江门市、阳江市、湛江市等。

6.3.5.2 案例二：低产低效林改造提取分析

1. 挖掘目标的提出

低产低效林是指受人为因素的直接作用或自然因素的影响，林分结构和稳定性失调，林木生长发育衰竭，系统功能退化或丧失，导致森林生态功能、林产品产量和生物量明显低于同类立地条件下的相同林分平均水平的林分。低产低效林改造是科学造林、科学营林的具体实践，是实现森林质量精准提升的重要途径，针对低产低效林进行改造，对其生长情况有着巨大的促进作用，能有效提高森林质量，大大提升林地产出率，对生态环境改善也有着重要促进作用。

商品林多以速生树种为主，其低产低效林改造可通过树龄、郁闭度、单位面积蓄积量等指标对改造范围进行提取，再对改造范围内的低产低效林采取综合性技术措施进行改造。

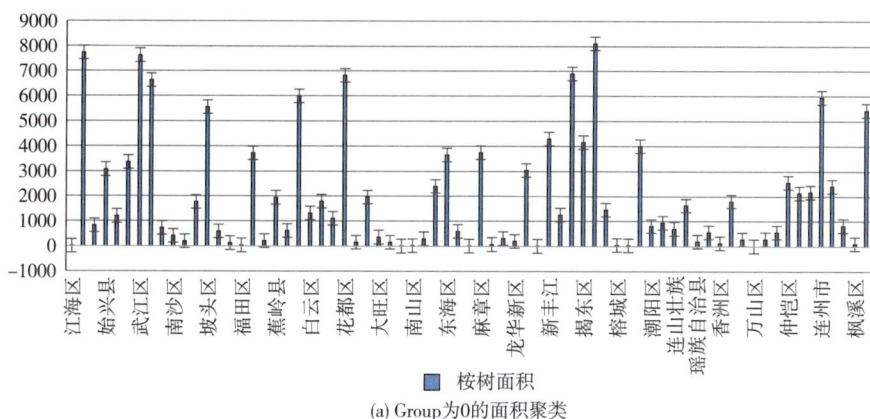

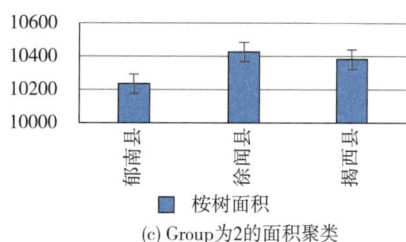

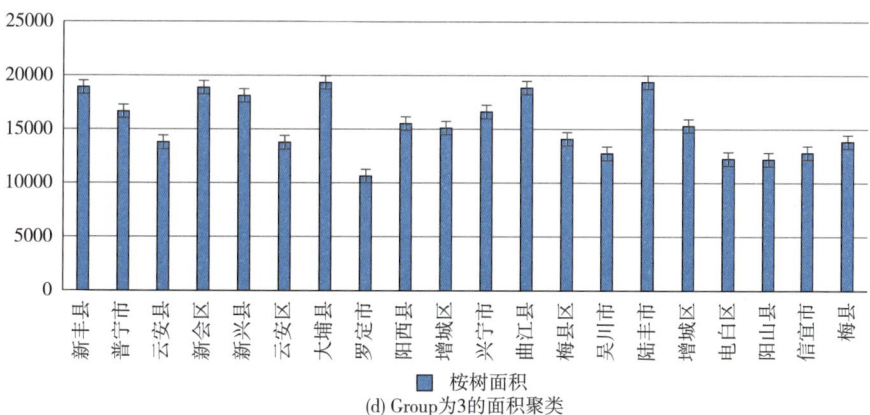

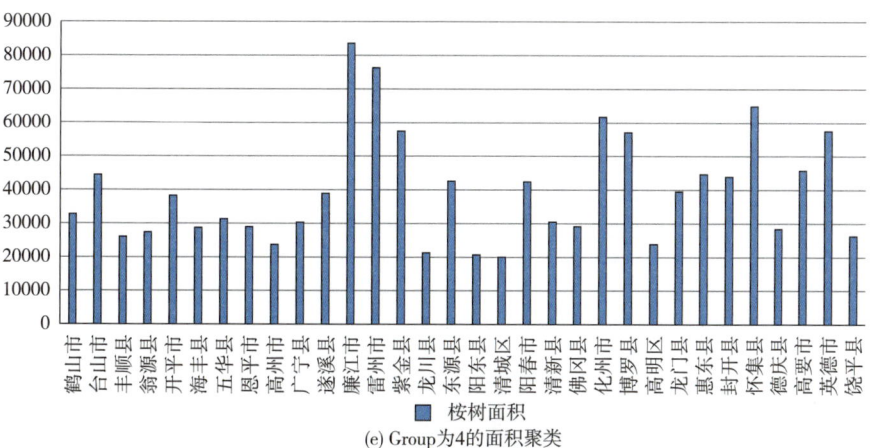

图 6-35　各组的桉树面积聚类统计图

2. 数据收集与分析

（1）数据收集

以广东省广州市为研究区，收集研究区内最新的森林资源"一张图"数据。

（2）数据分析

数据分析主要内容包括数据结构、数据坐标、数据图形和属性信息等。数据图形方面主要检查是否存在面的拓扑问题，对于属性信息的分析主要是核检龄组、郁闭度、活立木公顷蓄积、平均年龄等关键分析字段内容的完整性以及是否存在非法值。

3. 数据预处理

根据数据分析结果，对于不符合数据标准的数据结构、坐标系统进行统一变换，对图形存在的拓扑错误进行纠正处理，对属性信息中非法值进行清洗，对关键字段缺省值进行补充，离群值进行检测并处理。

4. 分析建模

（1）模型内容

对商品林中郁闭度小于 0.4 的近熟林、成熟林、过熟林进行识别与提取，根据蓄积计算模型计算近熟林、成熟林、过熟林的单位面积蓄积，并与指定的单位面积蓄积标准进行对比，输出低于指定标准的林地小班。

（2）算法选择

单位面积蓄积计算模型，即每年每亩蓄积量 = 活立木公顷蓄积 / 平均年龄 /15。

（3）模型分析

低产低效林提取模型分析流程如图 6-36 所示。

①选择森林类别，筛选类别为商品林的小班。

②指定分析维度，在商品林中提取龄组为近成过熟龄且郁闭度小于 0.4 的小班。

③根据②提取的林地小班的活立木公顷蓄积和平均年龄，按照单位面积蓄积计算公式进行计算，输出计算结果。

④将计算出的单位面积蓄积与指定的标准单位面积蓄积值进行比对，输出比标准值低的林地小班范围。

（4）分析参数

包括分析维度、龄组、郁闭度、活立木公顷蓄积、平均年龄等。

5. 结果分析

研究区商品林中郁闭度小于 0.4 的近熟林、成熟林、过熟林小班共 1520 个，面积 4432.65hm²，需改造的低产低效林地小班 246 个，面积 796.05hm²，具体数量与面积见表 6-7，空间分布如图 6-37 所示。

模型分析流程

| 数据输入 | 参数设置 | 模型分析 | 数据输出 |

开始

选择用材林改造场景

选择分析数据

森林资源"一张图"数据

分析范围设置
用户行政权限范围
自定义
上传矢量范围

字段、属性值设置
选择森林类别字段
森林类别=商品林
选择龄组字段
龄组=近熟林、成熟林、过熟林
选择郁闭度字段
郁闭度<0.4
选取活立木公顷蓄积字段
选取平均年龄字段!0
单位面积蓄积标准

分析范围裁切
裁切后分析数据

单位面积蓄积计算
蓄积计算模型输入
单位面积蓄积

单位面积蓄积比对

低于标准的用材林

数据结果导出

自定义选择
Excel统计及分组信息
Shp导出

结束

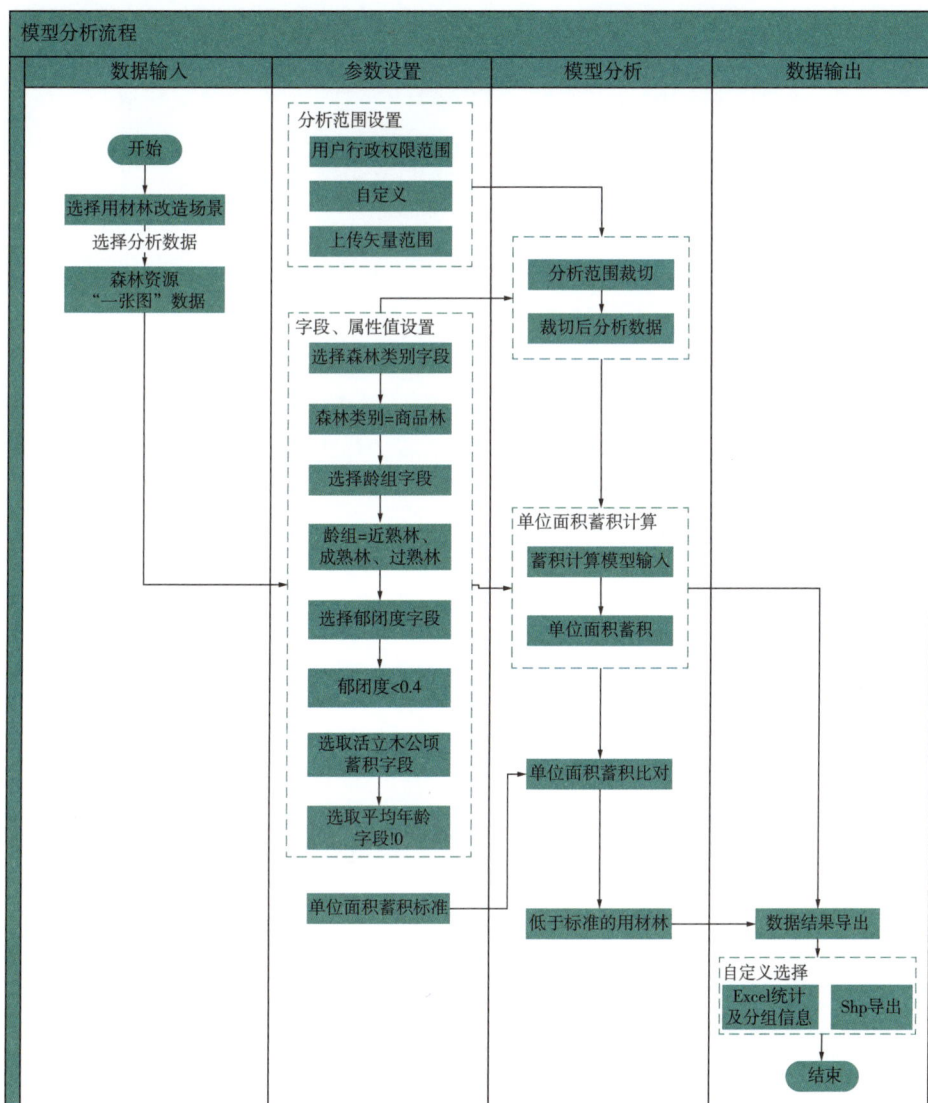

图 6-36　低产低效林提取模型分析流程图

其中，郁闭度小于 0.4 的近熟林小班共 338 个，面积 862.17hm²，需改造的低产低效林地小班 38 个，改造面积 140.41m²，占比 16.29%；郁闭度小于 0.4 的成熟林小班共 945 个，面积 2911.86hm²，需改造的低产低效林地小班 198 个，改造面积 616.83hm²，占比 21.18%；郁闭度小于 0.4 的过熟林小班共 237 个，面积 658.62hm²，需改造的低产低效林地小班 10 个，改造面积 38.81hm²，占比 5.89%。

表 6-7　需改造低产低效林地小班数据与面积统计表

龄组（郁闭度 <0.4）	商品林面积 /hm²	需改造小班数量 / 个	需改造面积 /hm²
近熟林	862.17	38	140.41
成熟林	2911.86	198	616.83
过熟林	658.62	10	38.81

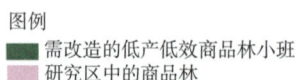

图例
■ 需改造的低产低效商品林小班
■ 研究区中的商品林

图 6-37　研究区中需改造的低产低效林地小班分布图

6.3.5.3　案例三：自然保护地质量精准提升

1. 挖掘目标的提出

自然保护地是由各级政府依法划定或确认，对重要的自然生态系统、自然遗迹、自然景观及其所承载的自然资源、生态功能和文化价值实施长期保护的陆域或海域。按照自然生态系统原真性、整体性、系统性及其内在规律，将保护地按生态价值和保护强度高低依次分为 3 类：国家公园、自然保护区及自然公园。

为加快建立以国家公园为主体的自然保护地体系，中共中央办公厅、国务院办公厅 2019 年印发了《关于建立以国家公园为主体的自然保护地体系的指导意见》，明确要求分类有序解决自然保护地历史遗留问题。目前，自然保护地内部还有不少商品林存在，其生态公益林中也有桉树、杉木、松木等人工林，这些林地生态效益低，且与自然保护地权属上存在矛盾，不符合现阶段自然保护地和生态公益林的管理要求。为妥善解决自然保护地内的历史遗留问题，对自然保护地内部的商品林及生态公益林中的速生树种进行清退或提升改造，有利于提升自然保护地生态功能等级，对自然保护地的规划建设及保护管理有着积极作用。

因此，利用森林资源调查数据、自然保护地数据、生态公益林数据，通过空间叠加分析，可摸清掌握可清退、提升或调整的商品林、速生树种的分布情况，为自然保护地质量精准提升提供依据。

2. 数据收集与分析

（1）数据收集

选取广东省广州市为研究区，收集研究区最新的森林资源"一张图"数据、自然保护地数据、生态公益林数据等。

（2）数据分析

数据分析主要包括数据结构、数据坐标、数据图形、属性信息等。数据图形方面主要分析是否存在面的拓扑问题，对于属性信息的分析主要是核检森林类别、林种等关键分析字段内容的完整性以及是否存在非法值。

3. 数据预处理

根据数据分析结果，对于不符合数据标准的数据结构、坐标系统进行统一变换，对图形存在的拓扑错误进行纠正处理，对属性信息中非法值进行清洗。

4. 分析建模

（1）模型内容

森林资源"一张图"分别与生态公益林、自然保护地数据进行空间叠加计算，自然保护地与生态公益林数据进行空间叠加计算，输出落入在自然保护地范围内的商品林数据以及生态公益林中的速生树种小班数据，并重新计算椭球面积。

（2）算法选择

采用叠加分析模型，将同一区域、统一比例尺、统一数学基础的两个或多个要素图层进行矢量叠加，生成一个具有多重属性的新要素类图层，同时为输出的新要素类赋予唯一标识字段 overl_bsm。

（3）模型分析

自然保护地质量精准提升模型分析流程如图 6-38 所示。

①根据森林资源"一张图"数据，提取森林类别为商品林、优势树种为速生树种的林地小班；

②采用空间叠加算法获取落入自然保护地范围内的生态公益林；

③采用空间叠加算法，分析落入自然保护地范围内的商品林小班及生态公益林中的速生树种小班，跨越边界处的小班允许进行切分，对切分后的小班进行椭球面积重新计算，输出分析结果。

（4）分析参数

包括分析维度、森林类别、林种等。

5. 结果分析

研究区中可用于自然保护地质量精准提升的商品林小班 9184 个，总面积约 12743.94hm² （表 6-8），空间位置分布如图 6-39 所示，主要分布于研究区的东北部。生态公益林中的速生树种小班 632 个，面积约 1639.98hm² （表 6-9），空间位置分布如图 6-40 所示，主要分布于研究区的东部。

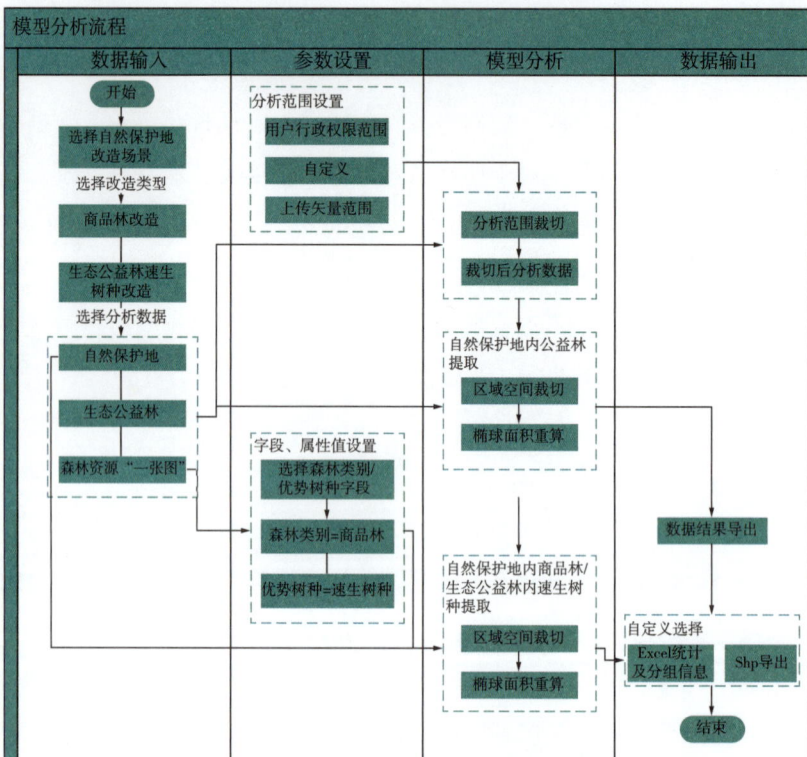

图 6-38　自然保护地质量精准提升模型分析流程图

表 6-8　研究区自然保护地内的商品林小班数量及面积

区域范围	商品林小班 / 个	商品林面积 /hm²
自然保护地	9184	12743.94

表 6-9　研究区自然保护地内生态公益林中的速生树种小班数量及面积

区域范围	速生树种小班 / 个	速生树种面积 /hm²
自然保护地内生态公益林	632	1639.98

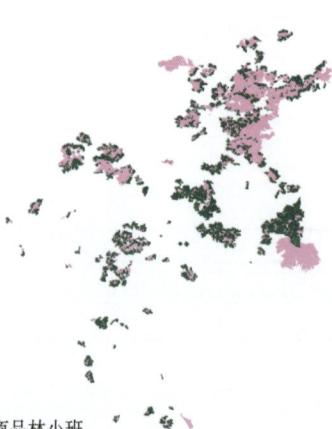

图例
■ 可改造的商品林小班
■ 研究区内自然保护地小班

图例
■ 可改造的速生树种小班
■ 研究区自然保护地内生态公益林小班

图 6-39　可改造的商品林小班分布图　　　图 6-40　可改造的速生树种小班分布图

林业时空大数据挖掘与应用

第 7 章

林业大数据挖掘的发展趋势

随着越来越多的业务需求被不断开拓，数据挖掘已成功应用于政务服务、科学研究、社会生活等方方面面，且有不少成功应用案例。近年来，随着数据量的几何级增长和复杂程度的提升，传统挖掘方法已显现出局限性。随着人工智能、可视化、云计算、移动互联、大数据等新一代信息技术的突飞猛进，数据挖掘逐渐与这些新型技术展开会师，并在挖掘的处理效率、操作的便捷性、知识的可理解性等方面获得极大提升。林业大数据挖掘的继续发展必然要站在挖掘技术提升的基础上，优化挖掘模式、建立主动式挖掘机制、推进挖掘应用支撑一体化及服务主动化建设。

本章结合前文对时空大数据、林业时空大数据挖掘的研究、技术与实践应用成果，同时，针对未来林业时空大数据挖掘工作的继续推进，分析未来数据挖掘技术与林业大数据挖掘的主要发展趋势。

7.1　数据挖掘技术的发展趋势

7.1.1　可视化助力数据挖掘效果极大提升

可视化技术是一种将数据挖掘过程和挖掘成果转化为可直观呈现的技术，它可以帮助人们更好地理解和利用数据。传统数据挖掘过程"黑箱"作业使用户只能被动地接受挖掘结果。可视化技术能为数据挖掘提供直观的数据输入、输出和挖掘过程的交互探索分析手段，提供在人的感知力、洞察力、判断力参与下的数据挖掘手段，从而大大地弥补了传统数据挖掘过程"黑箱"作业的缺点。在挖掘成果呈现方面通过丰富的二维三维可视化工具的支持，以表现数据隐含的重要知识，尤其是表现时空数据的空间展现、内在复杂结构、关系和规律。

近年来，许多新型可视化工具的涌现和继续发展，如 Google Charts、Tableau Software、Apache Echarts 这些开源数据可视化平台，为大多数数据挖掘工作提供了极大的支持。而在地理空间挖掘的结果可视化方面，三维地球技术为二三维一体化大场景下的时空变化序列、空间模拟过程、空间关系和规律提供绝对支撑。另外，基于图论来实现许多类型的关系和过程表示的知识图谱也得到广泛应用，可用来表示大规模数据挖掘知识的内含关系逻辑，且已具备了与时空数据实现联动的能力。总体来说，随着数据挖掘过程和结果的可视化呈现能力的不断提升，其作为基本工具使数据挖掘的可操作性、可理解性以及成果的可应用性有质的飞跃，将挖掘效果推向新的高度。

7.1.2 人工智能释放数据挖掘巨大潜能

近年来，随着数字化浪潮的不断涌现，数据已经成为各行各业最终的资源之一，基于 AI 技术的数据挖掘是应对数据大爆炸的最佳武器[36]。依托人工智能理论与方法在自然语言处理、计算机视觉领域的成果，自然语言处理方法为行业知识库构建，知识框架体系建设，以及基于 Web 的目标信息识别与抓取提供新方法。机器学习方法在海量数据分类、关联、聚类、预测等方面体现出重要能力。深度学习方法在大范围目标检测等方面具备了更高级别的模式识别和抽象能力。这些技术能力与数据挖掘深度结合，为数据挖掘的计算能力和分析效率赋予巨大潜能。

随着人工智能和大数据技术的持续发展，基于人工智能的数据挖掘技术应用越来越广泛，尤其是以时空大数据为重要特征的自然资源领域，成为数据挖掘技术应用的新型领域，而时空大数据的时空多维性、巨量性、高内在价值的大数据特征，要求传统的空间统计分析、查询等方法要逐渐向智能分析转变。人工智能与数据挖掘的结合可体现在数据挖掘的全流程，人工智能的算法和模型可以用于数据预处理、特征提取和模型构建，提高数据挖掘的准确性和效率。另外通过与人工智能技术相结合，数据挖掘技术可以应用于更多的场景，如领域知识库的构建、智能推荐、智能风控等。

7.1.3 云计算为数据挖掘提供强大动力

云计算技术是一种以互联网为基础的计算模式，通过虚拟化的方式处理信息资源，并进行计算。云计算技术具有强大的储存功能，能够有效提高用户使用的便捷性。云计算是并行计算和分布式计算的发展结果[37]。近年来，云计算已经从概念转向落地实施，也由早期的概念不统一发展成为支撑各个行业底层计算的重要基石[38]。早期的数据分析模式采用传统计算架构，这种模式在处理大规模多源异构数据时，很容易造成计算瓶颈，而云计算则采用分布式架构，大大降低了单机计算瓶颈的风险。目前，国内外云计算服务市场火热，涌现出较多可提供简单高效、处理能力可弹性伸缩的计算服务的服务器，为数据挖掘的全过程及应用发展建设提供了最有效的计算支撑。

面向自然资源行业的数据挖掘，带有极大的规模性和极强的地理空间特性，往往伴随着人工智能等新兴算法模型的应用、可交互式在线挖掘、二维三维协同可视化等需求，这些都将对数据挖掘算力提出较高要求。云计算技术的不断发展提供了强大的计算能力和存储空间，数据挖掘可以充分利用云计算的分布式计算和存储资源，实现更快速、更高效的数据分析和挖掘。另外，云计算的灵活性和可扩展性也为数据挖掘计算任务的多样性和复杂的应用场景提供了更好的解决方案。

7.2　林业大数据挖掘的发展趋势

7.2.1　多源异构数据融合式挖掘

大数据主要是通过对大量数据的捕获、挖掘和分析提取出最有价值的信息。而林业时空大数据应当是林业大数据的子集，是必不可少的基础。林业大数据要进一步发挥价值，最重要的是要跟其他数据相融合，才可出奇效。在林业未来的发展过程中，以时空大数据为基石，融合其他林业重要数据或相关数据所形成的"林业大数据"的应用才能够进一步推动林业的信息化建设，对林业管理模式进行完善改进。

随着"智慧林业"步伐的加快，未来将在林业产业、森林灾害、森林督查、生物多样性保护、林业种质资源分析、森林资源质量评价、林地生态功能评价、生态系统模拟等领域存在巨大应用需求。仅依靠时空数据在上述领域难以满足需求，可针对不同的挖掘分析任务，选择不同的时空数据底数和其他相关必要数据进行融合分析。如在林业产业统计挖掘方面，主要包括森林资源与利用统计、营林生产统计、森林工业生产统计、林业产值统计、林产品销售与价格统计、林业固定资产投资统计等多个方面，既需要森林资源调查类时空数据提供支持，更需要大量非空间化的统计资料参与综合分析。

7.2.2　逐步建立主动式挖掘机制

由于林业资源的分布式、再生性特征以及林业业务管理特征受限于林业数据资源时效性、多维性、巨量性特征，数据结构，数据归集管理程度，挖掘工具门槛等，林业数据分析挖掘多存在于科学研究，常常只针对某一领域的某一方面，且应用程度不高。面对复杂问题，挖掘的全面性和系统性难度较大，呈现出被动式分析问题、发现问题的窘境，导致森林火灾防控、森林病虫害防治、营造林选址与改造、森林违法活动、野生动植物保护等业务管理不能及时提供决策辅助，使林业资源受到损失。

随着林业信息化的深入发展，云计算、物联网、大数据、移动互联网等新一代信息技术应用支撑能力得到加强，海量林业数据实现了有序推进必要的数据治理、集中化管理和共享交换，业务协同和信息共享程度逐渐提升，逐步丰富的数据源将可以支撑更多时效性、科学性要求高的数据挖掘任务。另外，在数据共享交换和交互式可视化的在线挖掘能力基础上，可建立开放集智挖掘体系，调动并充分发挥林业系统内群体的智慧。总体来说，随着数据质量和技术能力的不断提升，林业部门将逐渐掌握林业大数据挖掘的主动权，主动发现问题，快速输出决策辅助结果，为林业智慧化发展保驾护航。

7.2.3 应用支撑一体化、服务主动化

在林业与数据挖掘技术的不断融合下，林业数据挖掘已逐步由研究走向工程应用。传统模式下通过各类挖掘工具软件进行大规模挖掘作业已无法满足高效处理、知识共享的需求。近年来，林草领域大数据发展迅速，国内许多机构和学者建设了不同类型的数据平台，形成了一定的应用支撑，但主要以数据共享为主。2017年，中国农业科学院建立了林草科研大数据平台，平台汇集了海量林草科研数据，利用数据挖掘、云计算等大数据技术基本实现了对统计数据和专题数据的聚类、关联、挖掘[39]，挖掘的应用支撑得到进一步完善。

根据《中国智慧林业发展指导意见》，区域级或省市级智慧林草大数据中心及配套平台建设发展迅速。这些支撑平台、应用系统的建设，为开展密集应用的林业数据挖掘奠定数据资源、计算资源、存储资源、可视化技术等方面的必要基础。部分应用系统或平台还兼容了专门的数据挖掘分析模块，建立专业的模型知识库，支持交互式可视化的在线挖掘，既提升了林业大数据挖掘的智能化和自动化水平，又大大降低了挖掘技术应用的门槛。这无疑是将传统工具零散挖掘模式推向基于综合平台的智慧化挖掘模式，必将为林业高质量发展提供更精准、更科学、更全面的服务。

参考文献

［1］TOFFLER，ALVIN. The Third Wave［M］. New York：Bantam Books，1980.

［2］MCKINSEY GLOBAL INSTITUTE. Big Data：The Next Frontier for Innovation，Competition，and Productivity［EB/0L］. https：//www.mckinsey.com/industries/public-sector/our-insights/big-data-the-next-frontier-for-innovation，2011.

［3］SCHÓNBERGER V，CUKIER K.Big Data：A Revolution That Will Transform How We Live，Work，and Think［M］. New York：Houghton Mifflin Harcourt，2013.

［4］李雄飞，李军. 数据挖掘与知识发现［M］.北京：高等教育出版社，2003.

［5］李德仁，李德毅，王树良.空间数据挖掘理论与应用［M］.3版.北京：科学出版社，2019.

［6］王天真.智能融合数据挖掘方法及其应用［D］.上海：上海海事大学，2006.

［7］舒忠梅，徐晓东，屈琼斐.基于数据挖掘的学生投入模型与学习分析［J］.远程教育杂志，2015（33）：39-47.

［8］唐晓波，肖璐.基于依存句法分析的微博主题挖掘模型研究［J］.情报科学，2015（33）：61-65.

［9］阮光册，夏磊.基于关联规则的文本主题深度挖掘应用研究［J］.现代图书情报技术，2016（12）：50-56.

［10］吴江，周露莎.在线医疗社区中知识共享网络及知识互动行为研究［J］.情报科学，2017（35）：144-151.

［11］陈铭.高维聚类算法研究［D］.南京：南京师范大学，2011.

［12］石亚冰，元昌安，覃晓，等.基于最大维密度的全局优化空间聚类算法［J］.计算机仿真，2013（30）：277-280.

［13］周丽娟，王翔.云环境下关联规则算法的研究［J］.计算机工程与设计，2014（35）：499-503.

［14］林长方，吴扬扬，黄仲开，等.基于 MapReduce 的 Apriori 算法并行化［J］.江南大学学报（自然科学版），2014（13）：411-415.

［15］SHARMA，ARUN，JIANG，et al. Spatio-Temporal Data Mining：A Survey［J］. ACM，2018（4）：123-456.

［16］李广水.基于服务的森林资源调查数据挖掘系统的研究［D］.南京：南京林业大

林业时空大数据挖掘与应用

学，2010.

[17] 李明阳，刘方，徐婷，等．基于 GIS 的森林资源空间数据挖掘方法研究：以紫金山为例 [J]．西北林学院学报，2012（27）：180-186.

[18] 高萌．基于数据挖掘的区域森林乔木层生物量估算与评价研究 [D]．哈尔滨：东北林业大学，2015.

[19] 林卓，吴承祯，洪伟，等．基于 BP 神经网络和支持向量机的杉木人工林收获模型研究 [J]．北京林业大学学报，2015（37）：42-47.

[20] 温继文，孙雪，赵淑颖，等．基于关联规则与聚类方法的林业碳汇区域划分研究 [C] // 低碳经济时代的林业技术与管理创新．2010.

[21] 谭三清．聚类分析法在森林火险区划中的应用 [J]．中南林业科技大学学报，2008（1）：127-129，133.

[22] 黄国胜，夏朝宗．基于 MODIS 的东北地区森林生物量研究 [J]．林业资源管理，2005（8）：40-44.

[23] 施明辉，赵翠薇，郭志华，等．基于 SOM 神经网络的白河林业局森林健康分等评价 [J]．生态学杂志，2011（30）：1295-1303.

[24] KANTARDZIC，MEHMED. Data Mining Concepts，Models，Methods，and Algorithms [M]．北京：清华大学出版社，2003.

[25] 邸凯昌．空间数据发掘与知识发现 [M]．武汉：武汉大学出版社，2003.

[26] W H，INMON. Building the Data Warehouse [M]. New York：John Wiley & Sons，1991.

[27] 贾泽露，刘耀林，张彤．可视化交互空间数据挖掘技术的探讨 [J]．测绘科学，2004（5）：34-37，4.

[28] 李德仁，李德毅，王树良．空间数据挖掘理论与应用 [M]．3 版．北京：科学出版社，2019.

[29] 欧高炎，朱占星，董彬，等．数据科学导引 [M]．北京：高等教育出版社，2017.

[30] 陈文伟，黄金才．数据挖掘与数据仓库 [M]．北京：人民邮电出版社，2004.

[31] 赵晓光，周萍．数据挖掘在我国林业统计中的应用分析 [C] // 黑龙江省统计科学讨论会，2008：396-399.

[32] 贾泽露，刘耀林．可视化空间数据挖掘研究综述 [C] //2008 年测绘科学前沿技术论坛论文集，2008：1-7.

[33] 冯豁朗，张贵，谭三清，等．基于 Himawari-8 卫星数据的林火判别 [J]．中南林业科技大学学报，2021（41）：75-83.

[34] 刘湘南，王平，关丽，等．GIS 空间分析 [M]．3 版．北京：科学出版社，2017.

［35］鲁敏，张金芳，范植华，等．基于DEM的视域分析与计算［J］．计算机仿真，2006，23（5）：6.

［36］刘识，任俊达，皮志贤，等．数字化背景下基于AI技术的数据挖掘技术研究：评《人工智能与数据挖掘的原理及应用》［J］．中国科技论文，2023，18（6）：704.

［37］石秋发，邱瀚．基于云计算的大数据挖掘体系构建［J］．电子技术与软件工程，2020（10）：153-154.

［38］李清锋，孔明茹，黄英来．基于高可用云计算的中国智慧林业大数据系统探究［J］．世界林业研究，2017，30（6）：6.

［39］李博，马文君，王忠明，等．林草科研大数据平台的研建与应用［J］．农业大数据学报，2022，4（2）：9.